環境コンプライアンスを実践！

環境法令遵守のしくみ

馬目 詩乃
安達 宏之
［著］

第一法規

はじめに

「世の中、法律と金」？　それを決めるのは人の意思

もう何十年も前のことですが、社会参加して初めて実感したことは「世の中、法律がすべてだ」ということでした。私は環境コンサルティング会社に就職したのですが、地域計画を立案するにせよ、施設計画を立案するにせよ、まず、そこの土地利用の規制がどうなっているかを踏まえなければ、計画内容に関わらず、そもそも提案にならないという現実があることを初めて知りました。

本書を執筆しているいま、その思いはすこし変わってきたのかもしれません。世の中、「法律」はやはり重要ですが、それに加えて、「お金」も大きな意味をもっています。そして、それらを動かすのは、最後は「人の意思」ではないかと思うに至っています。

仕事で環境法令をひも解くとき、そのことをつくづく実感しています。

何のためにその環境法令がうまれたか　～環境コンプライアンスの向こう側

本書の趣旨や構成は第１章で述べますが、本書を手にとっていただいた読者の皆様には、その前にまず、「何のためにその環境法令がうまれたか？」ということをぜひ考えていただきたいと思います。

大気汚染防止法、水質汚濁防止法、廃棄物処理法、地球温暖化対策推進法……。それぞれの環境法の前には常に環境問題があります。

その課題は多くの場合、市民の生活や健康、生活の豊かさを脅かし、ひいては社会の持続可能性を損なうものです。このことを考えること抜きに環境法と向き合っても、本当の意味で環境法を守っているとは言えないと私は感じています。

「もうやめよう」「もっとよくしよう」を環境管理の実務に展開したのが環境法

企業における環境法の担当者が環境法に向き合うとき、「違反すると罰則が適用されるリスクがあるもの」と緊張感を感じていることでしょう。

こうした思いは重要です。しかし、そこにとどまらず、環境法というものが、様々な環境課題に対する「もうやめにしよう」又は「もっとよくしよう」という「人の意思」が結集されたものであることも踏まえ、その上で、個々の環境法の各条文に書かれている規制等に定められている「誰が、何を、どの程度、どうしなければならないか」に対応してほしいと思います。

環境法には、昭和の時代に制定されたオールドスタイルの法令から、平成・令和時代に新しく制定された法令まで、目的に沿った様々な規制パターンがあります。

本書では、環境マネジメントシステム（EMS）であるISO14001の考え方を意識した新しい切り口で、できるだけわかりやすく、そうした環境法への対応方法を解説しています。本書が企業の皆様の環境コンプライアンスへの理解の一助になれば幸いです。

最後に、本書のコンセプトを後押しし、一緒に執筆してくださった安達宏之さん、学業で多忙ななか突貫工事でイラストを描き下ろしてくれた娘の灯、編集にあたり全面的にお力添えをいただきました第一法規の大松海歩さん、吉村利枝子さんにこの場を借りて心から感謝申し上げます。ありがとうございました。

2022年秋　紅葉深まる自宅裏の森を眺めながら

執筆者を代表して

馬 目 詩 乃

目 次

凡　例

本文中で用いている略称につきましては、以下の通りとなります。施行令・施行規則等につきましても、以下の略称に準じます。

〔法令略称一覧〕

法令名	略称
エネルギーの使用の合理化等に関する法律（昭和54年法律第49号）	省エネ法
化学物質の審査及び製造等の規制に関する法律（昭和48年法律第117号）	化審法
自動車から排出される窒素酸化物及び粒子状物質の特定地域における総量の削減等に関する特別措置法（平成４年法律第70号）	自動車NOx・PM法
食品循環資源の再生利用等の促進に関する法律（平成12年法律第116号）	食品リサイクル法
地球温暖化対策の推進に関する法律（平成10年法律第117号）	地球温暖化対策推進法
特定化学物質の環境への排出量の把握等及び管理の改善の促進に関する法律（平成11年法律第86号）	化管法
特定工場における公害防止組織の整備に関する法律（昭和46年法律第107号）	公害防止組織法
毒物及び劇物取締法（昭和25年法律第303号）	毒物劇物取締法
廃棄物の処理及び清掃に関する法律（昭和45年法律第137号）	廃棄物処理法
プラスチックに係る資源循環の促進等に関する法律（令和３年法律第60号）	プラスチック資源循環法
フロン類の使用の合理化及び管理の適正化に関する法律（平成13年法律第64号）	フロン排出抑制法
容器包装に係る分別収集及び再商品化の促進等に関する法律（平成７年法律第112号）	容器包装リサイクル法

第1章

環境法令遵守の「しくみ」とは？

第１章

環境法令遵守の「しくみ」とは？

解説

無味乾燥な条文の向こう側を見る

「ISO14001などの環境マネジメントシステム（EMS）を企業で担当する関係者は、この１年間も環境法の対応に追われてきた。」

これは、筆者も共著者として参加している『ISO環境法クイックガイド』（第一法規）という書籍の巻頭にある一文です。環境法対応に関わる企業関係者やISO14001審査員などを対象に、環境法の規制をコンパクトにチェックできる同書は、毎年法改正を盛り込んだ改訂版を発刊し続けて20年になりますが、発刊以来ずっと冒頭の一文が掲げられています。つまり、EMS担当者の置かれている状況はずっと変わっていないということです。

法改正、新法制定と絶え間ない変化の中で、担当者は難解で無味乾燥な条文を読みこなし、政令や省令など、様々な関連法令とのつながりの理解に四苦八苦した末に、結局、実務的にはどのように対応すればよいのか判断がつかないということも少なくないでしょう。

本書では、こうした条文の向こう側にある、環境法の様々な「意図」を分解し、そのパーツごとに再整理することを試みています。

企業の環境コンプライアンスが「形骸化」「脆弱化」するとき

EMSを運用する組織の場合、順守評価、内部監査、外部審査など、様々な場面において、法令の順守状況をチェックする機会があります。しかし、法令担当者がせっかく自社の業務に適用される法規制等（順守義務）を一覧化し、それを最新化しても、実際の環境コンプライアンスにつながっていないことがしばしばあります。

環境コンプライアンス上の問題が生じた場合、その原因を「現場の認識不足など」と結論付けて対応が終了してしまうことがよく見られます。しかし、原因は本当にそれだけでしょうか？　起こった問題に対する本質的な原因の究明が法令遵守のための「しくみ」の改善に結びつかなければ、「議事録づくり」など小手先の対応ばかりが上手になってしまい、再び同じような問題が繰り返されてしまいます。

現在何も問題がない場合でも、組織のコンプライアンスが特定の担当者のみによって支えられている場合や、外部委託業者のみによって維持されている場合についても、注意が必要です。

環境コンプライアンスを「個人頼み」・「業者頼み」で維持していると、その人がいなくなった場合や業者との契約が解除された場合に突然脆弱化してしまうリスクがあります。法令リスクはその法令の規制を受ける企業自身が背負うものですから、会社の「しくみ」として担保しておくことが大切です。

環境コンプライアンスを「させる側」の心理をさぐる

では、環境コンプライアンスを「しくみ」としてとらえるにはどうしたらよいでしょうか。

まずは、なぜ、どのようにして環境法が登場するのかということを考えてみましょう。

大気汚染防止法、廃棄物処理法、省エネ法、フロン排出抑制法、プラスチック資源循環法……。昭和の時代に制定されたクラシックな法律から、令和の時代に制定されたばかりの法律まで、環境法には様々なものがあります。

こうした環境法は、ある日突然制定、改正されるものではありません。その背景にはまず公害や地球温暖化などの環境問題があります。環境コンプライアンスを「させる側」である行政や立法には、それらをどう解決したいかという「意図した成果」があり、意図した成果を達成するために、誰にどのように行動してもらいたいかという要求を条文の中に組み込んでいきます。

したがって、ある法律の規制に対応するときには、個々の条文の規制事項の一つひとつを確認し、遵守していくのも大切ですが、それだけでなく、その規制全体の「意図」を見極め、対応方法を「しくみ」に落とし込んでいくことが重要なのです。

行政や立法もPDCAを意識している？

「PDCA」という概念は、マネジメントシステムの国際規格であるISO9001（品質マネジメントシステム）やISO14001（環境マネジメントシステム）などが中核的なしくみとして採用したことにより世の中に広く普及しました。環境省が主導するEMS「エコアクション21」もPDCAを採用しています。EMS認証登録組織では、「継続的改善」という概念とともに、PDCAを「まわす」ことが実践されています。

ISO14001では、序文においてPDCAモデルを次のように解説しています。

> 0.4　Plan-Do-Check-Actモデル
>
> 環境マネジメントシステムの根底にあるアプローチの基礎は、Plan-Do-Check-Act（PDCA）という概念に基づいている。PDCAモデルは、継続的改善を達成するために組織が用いる反復的なプロセスを示している。PDCAモデルは、環境マネジメントシステムにも、その個々の要素の各々にも適用できる。PDCAモデルは、次のように簡潔に説明できる。
>
> －Plan　：組織の環境方針に沿った結果を出すために必要な環境目標及びプロセスを確立する。
>
> －Do　：計画どおりにプロセスを実施する。
>
> －Check：コミットメントを含む環境方針、環境目標及び運用基準に照らして、プロセスを監視し、測定し、その結果を報告する。
>
> －Act　：継続的に改善するための処置をとる。

ややわかりづらいかもしれませんが、よく読み込んでいくと、書かれている内容はシンプルです。すなわち、まず、物事を進めるときは、何はともあれ計画をしっかり作成し（Plan=計画)、その後、計画どおりに実施し（Do=実施)、計画どおり実施されているかどうかを評価し（Check=チェック)、これらプロセスが適切かつ有効に機能しているかどうか判断し、改善する（Act=改善）という一連の流れが示されています。

これを継続的に運用することにより、あたかもらせん階段を登るようにレベルの高い活動に向かっていくという「しくみ」が、PDCAモデルだといえるでしょう。

最近の環境法の規制パターンをみていると、環境コンプライアンスを「させる側」においてもEMSを強く意識している、すなわち規制パターンがシステム志向になっていると感じます。

プラスチック資源循環法におけるプラスチック使用製品産業廃棄物等の排出事業者に対する判断基準を例に取り上げてみましょう。この判断基準では、多量排出事業者に対して、対象物の排出抑制と再資源化に向けた計画を策定し、取り組むことを求めています。そして、その実施状況等を情報開示するよう努めることも求めています。このように、法令に基づく取組みをPDCAサイクルの中に組み込ませ、それを「見える化」させようとしているのです。

環境コンプライアンスを「する側」は、このことを意識しておく必要があると思います。

新たな「しくみ」づくりの提案

本書では、環境コンプライアンスを形骸化、脆弱化させず、持続的に維持していくために、マネジメントシステムの中に環境法の遵守を埋め込んだ、新たな「しくみ」づくりの方法を提案しています。

そもそも、ISO14001規格は、序文において、次のように示しています。

> １　適用範囲
>
> この規格は、組織が環境パフォーマンスを向上させるために用いることができる環境マネジメントシステムの要求事項について規定する。この規

格は、持続可能性の“環境の柱”に寄与するような体系的な方法で組織の環境責任をマネジメントしようとする組織によって用いられることを意図している。

この規格は、組織が、環境、組織自体及び利害関係者に価値をもたらす環境マネジメントシステムの意図した成果を達成するために役立つ。環境マネジメントシステムの意図した成果は、組織の環境方針に整合して、次の事項を含む。

－環境パフォーマンスの向上

－順守義務を満たすこと

－環境目標の達成

この序文では全体的に「ISO14001はこのようなことに取り組む企業の役に立ちます」ということがうたわれているのですが、その中で、コンプライアンスを実現することについても役に立つと明示しているのです。

そこで本書では、環境法令遵守の「しくみ」について、ISO14001をヒントに、筆者なりの考え方を提示しようと思います。

第２章以降の本書の構成は、次のとおりです。

第２章から第11章にかけて、環境コンプライアンスを維持するために必要な「管理項目」をあげ、法令の中ですでに同様の管理項目が義務付けられている事項を整理しました。

第２章では、最初のステップとして、自社にどのような環境法が適用されるかを把握するための調査項目として、法令の規制対象を整理しています。

第３章から第５章までは、いわゆるPDCAの「P」の部分に相当します。

第３章では、環境管理の体制を整備し、役割や責任を定めることについて、第４章では、経営者や規制対象を管理する人に求められる能力（力量）を確保することについて、第５章では、目標を立てて環境への取組みを行うことについて、それぞれ整理しています。

第６章では、PDCAをスムーズに進めるための支援ツールである「文書化した情報」をどの程度整備し、どのように管理するとよいかについて、法令ではどのようなことが求められているかについてまとめました。

第７章では、現場での運用管理の実施について、法令で義務付けられている措置義務や基準への適合義務などを中心にまとめました。

第８章では、自社の環境リスクや環境への取組みを外部利害関係者へ開示することについて、法令で義務付けられている届出や報告などをベースにまとめました。

第９章は、事故や災害といった緊急事態への対応について述べました。

第10章、第11章はPDCAの「C」、すなわちチェックの段階になります。まず第10章では自社の環境状態を適切な方法で監視（モニタリング）することについて、測定対象・範囲の把握や実施項目・方法の設定等をまとめています。第11章では、環境コンプライアンスを継続的に維持するために必要な事項として、順守すべき事項に関する情報の最新化（すなわち、法改正動向の反映）及び順守評価の実施について述べています。

このように順守義務の内容と方法を組みなおすことで、法令の見方が変わってくると思います。

また、各章では、ISO14001を活用して管理するアイディアを提案しました。

EMSを構築していない企業の場合は、このアイディアを参考に自社にあったルールをつくっていくと、法令遵守でこれまで上手くいかなかったことが整理され、改善のヒントとなるでしょう。

また、すでにEMSを構築している企業の場合にも、現在の「しくみ」の中に適宜追加していくことにより、しくみの弱点が強化され、取組みの継続的な改善につながると思います。

第2章

「規制対象」をチェックする

管理対象をさがすしくみ

よくあるダイアローグ

POINT！

経営層がコンプライアンス強化を指示するのはとても大切なことです。担当者が自社に関係する法律が何かを理解していないと何も進められません。「法律が適用される規制対象のチェック」が、環境コンプライアンスの「初めの一歩」です。

チェックシート

□工場や事業所の所在地はどこですか？

例：〇〇県〇〇市〇〇１－１－１
上記のほか、〇〇県〇〇市〇〇に倉庫、販売店あり

□敷地面積や建築物の総面積はどのぐらいですか？

例：敷地面積は35,000㎡　建築面積は12,000㎡

□事業活動はどのようなものですか？

例：合成樹脂製造業、印刷業、情報サービス業…

□いつから操業していますか？　吸収合併や分社化などの履歴はありますか？

例：1968年に株式会社〇〇を合併し、1970年11月から〇〇会社として操業している。

□常時雇用している従業員は何名ですか？

例：300人

□操業時間はどのようになっていますか？

例：月～土曜日：９：00～20：00

□代表者の役職・氏名、就任時期はどのようになっていますか？

例：代表取締役社長　〇〇 〇〇（2020年４月～）
工場長　〇〇 〇〇（2020年４月～）

□事業所の敷地内にはどのような設備（ユーティリティ）がありますか？　会社として所有し、管理責任がありますか？
例：排水処理設備、受電設備、空調設備、廃棄物保管場所、受電設備、浄化槽、給水施設 いずれも自社所有施設であり、管理責任がある。
□事業所の敷地内に、他の事業所と敷地を共有している設備はありますか？　会社として所有し、管理責任はありますか？
例：テナント、販売店舗、物流倉庫、ガソリンスタンド 自社ビルの１Fにテナントが入居している。廃棄物置場、清掃、電気・水道などの管理は不動産会社が行っている。
□（製造業の場合）事業活動に必要な設備にはどのようなものがありますか？
例：原料処理施設、蒸留施設、焼結炉、混合施設
□（製造業の場合）原材料・資材にはどのようなものがありますか？（薬品類・洗浄剤等がある場合）保管量はどのぐらいですか？
例：梱包材、洗浄剤、試薬、潤滑油、添加剤
□（事務所の場合）オフィスワークでは何を使用していますか？
例：パソコン・タブレット、テレビ、営業車
□事業場で使用している燃料・エネルギーは何ですか？　貯蔵量・使用量はどのぐらいですか？
例：重油、軽油、灯油、都市ガス、LPG、電気
□事業を継続する上で、今後どのようなことが計画・予定されていますか？
例：建屋の解体、改築、新築、新製品の製造、生産設備の更改

第2章

「規制対象」をチェックする ～管理対象をさがすしくみ

解説

自社にどのような環境法が関係するのかがわからないと…？

本章の「よくあるダイアローグ」では、ある会社でコンプライアンス強化の大号令がかかる場面で始まります。トップダウンで指示が下りるきっかけとなるのは、行政指導、事故時の違反発覚、認証審査での指摘、親会社や取引先からの指摘・要望などが多いでしょう。経営層はこれらの問題を会社の経営に関わるリスクと判断し、これを契機に会社全体の体質改善をしたいという期待を込め、担当者へ指示を出しています。

一方、ダイアローグの続きを見ると、指示を受けた担当者は自社に何の法律が適用されるのかがわからず、困っています。おそらく、環境コンプライアンスがこれまで組織的に管理されず、気づかないうちに何かしらの法令に違反しているのではないかと心配しているのでしょう。

社長や部長の期待に応え、「環境コンプライアンスに問題がない会社」となるために担当者がやるべきことは沢山あります。その初めの一歩は「法律が適用される規制対象のチェック」です。

「自社に関係する環境法令は何か？」ということは、多くの環境法担当者が感じたことのある疑問だと思います。

内部監査やEMS認証審査などで、自社に適用されている環境法の規制に対して未対応であることがよく指摘されます。そのとき、「このような法律が関係するとは思っていなかった。」、「今回発覚したもの以外にも何かの法律で規制を受けるものがあるのではないか？」と心配になり、こうした指摘をきっかけに改めて適用法令の洗い出しに取り組むケースもあります。

チェックシートのポイント

本章のチェックシートに基づいて規制対象を調査する前に、コンプライアンス管理の範囲をどこまでにするかをあらかじめ決定しておきましょう。法規制は事業者に義務付けられているもの（例えば省エネ法の場合、特定事業者に対するエネルギー使用状況の定期報告など）と事業所に義務付けられているもの（同じく省エネ法の場合、第２種エネルギー管理指定工場に対するエネルギー管理員の選任義務など）があります。このため、複数の事業所（工場や営業所、支店など）で構成される事業者の場合、本社を含めて全体的に管理するのか、又は本社以外の個々の事業所ごとに担当する法的義務をそれぞれ管理するのかによって、管理の内容や方法が変わってくる可能性があるからです。実際には、事業所に対する義務も含めてすべて本社が一括管理するケースなどもありますので、自社の経営スタイルに合わせて検討すればよいと思います。

管理の範囲が決まったら、その範囲の規制対象を整理していきます。本章のチェックシートでは、環境法の規制対象の要件となっているもののうち代表的な14項目をとりあげました。規制対象と一言でいっても、それが何であるかは法律により実に様々であることがわかります。まずは、これらの基本的な情報を整理し、常に最新化し、情報の抜け漏れや更新漏れのないようにしておくことが重要です。

① 事業所の所在地

事業所がどこの都道府県や市町村に位置するかは、適用を受ける地方条例を把握するために必要です。市である場合は、政令指定都市や中核市に該当するかどうかも把握しておくとよいでしょう。政令指定都市や中核市の場合、都道府県の権限が委譲されている場合があり、都道府県条例に代わって市条例の適用を受けたり、各種届出先が市になることがあるからです。

また法規制では、騒音規制法の指定地域のように、地域を決めて規制をかける場合があるため、字名や地番も判断基準になることがあります。

その他、都市計画法上の用途区分についても把握しておくとよいでしょう。騒音規制法の規制を受ける指定地域は、「工業専用地域以外」というように指定される場合があります（「工業専用地域」とは、都市計画で工業の促進を図るために指定された用途地域です）。

② 事業所の敷地利用

事業所の敷地は、たとえていえば油絵のキャンバスのようなものです。事業者はキャンバスである敷地内へ建築物や設備を配置し、目的とする事業活動を描いていきます。

環境管理が絵画と違うのは、敷地周辺への影響があるということです。そのため、キャンバスの号数（サイズ）、つまり敷地面積がどのくらいか、その中でどのような建物をどのくらい配置するのか等によっては、法律の規制を受けることがあります。事業所の現在の敷地利用だけでなく、過去の履歴や今後の変更の見通しを含めて、把握しておくとよいでしょう。

事業所の敷地を他の事業者と共有している場合があります。業務委託先であるメンテナンス会社が入っている場合や、グループ会社等がまったく違う事業活動を行っている場合、又は他の事業者が借用している場合もあります。そのような敷地を共有する事業者がどのような設備をもっているか、自社と共有しているものがあるのかなどについても整理しておく必要があります。

③ 事業活動

サービス業、製造業、流通業…、世の中には実に様々な事業活動があります。環境法の中には、特定の業種（事業活動）を規制対象とすることがあります（その場合、統計法に基づく統計調査時に用いられている日本標準産業分類がベースとなっていることが多いようです）。総務省の日本標準産業分類のウェブサイトには、各産業分野の説明と内容の例示の資料が見られますので、それらで自社の事業活動がどのような産業分類に該当するのか把握した上で規制対象を確認することも必要でしょう。

④ 操業開始年

操業開始年が直接規制対象の判断基準となる法律はそれほど多くありませんが、法の制定日以前に操業されている場合、法の適用を受けないこともあるので必要な情報となります。

⑤ 常時雇用人数

事業規模を判断するときの要件の一つとして、常時雇用人数があります。産業医を選任すべき事業場の要件が「常時50人以上の労働者を使用する事業場」とされているなど、労働安全衛生法に多く登場する要件ですが、環境法でも公害防止組織法や容器包装リサイクル法、プラスチック資源循環法などで常時雇用人数が規制対象の要件となっています。人数の多い大規模の事業者に規制対象を絞り込むことで、その法規制の意図した成果（環境負荷低減など）が有効に達成できるためと考えることができます。

⑥ 操業時間

騒音規制法や振動規制法では、騒音や振動に係る規制基準が昼間、朝夕、夜間、午後７時～午前７時といった時間帯ごとに設けられています。工場や建設工事関係の事業者は、操業時間と規制対象の関連について考慮する必要があります。

⑦ 代表者名

コンプライアンスで頻繁に登場するのが「届出」・「報告」など、行政とのやりとりです。詳しくは第８章で述べますが、メールも含めたこうした文書でのやりとりには、当然ながら届出者、提出者として事業所の名称、代表者名が記載されます。代表者が定期的に交代する企業である場合は、常に最新化して押さえておく必要があります。

⑧ 敷地内の設備等

大気汚染防止法、フロン排出抑制法、浄化槽法など、環境法では機械設備を規制対象としている法律が実にたくさんあります。まずは、敷地で事業を行うために必須である水（取水・排水）、電気・ガスなどエネルギー関係、廃棄物などのユーティリティを整理し、それらが自社で直接管理すべきものか、そうでないのか（親会社が所有し、管理も親会社経由の管理会社が行うなど）、責任の所在を確認しましょう。

次に、事業活動で使用する生産設備についてどのようなものがあるか、製造プロセスを追って確認しましょう。チェックシートの例にあるように、法令における規制対象は原料処理施設、混合施設、焼成施設、洗浄施設などと表記されます。事業活動により大気への排出や排水がある場合は、調査に先立ちあらかじめ大気汚染防止法施行令別表１、水質汚濁防止法施行令別表１に示されたばい煙発生施設や特定施設の一覧や条例の対象施設に目を通しておくと判断しやすいでしょう。

⑨ 原材料、資材

⑧で設備を整理しましたが、事業活動で使用する物品もチェックが必要です。原材料、洗浄剤、添加物、潤滑油、試薬などのほか、梱包資材についても洗い出しておきましょう。その場合、対象物の名称、保管量、保管場所、使用部署、保管部署もあわせて整理しておくとよいでしょう。

⑩ 事務所などオフィスワークの場合

事務所などオフィスワーク中心の企業には法令における規制対象となる設備や機械がそれほどないかもしれません。しかし、「事務所だから」「工場ではないから」という思い込みは見落しのリスクにつながります。例えば、小規模であっても試験研究、試作品の製作を行っている場合、思わぬ装置や薬品類が規制対象となることがあります。その他、営業活動に関しては、パソコン・タブレット、テレビ、営業車について把握しておくとよいでしょう。

⑪ 貯蔵・使用している燃料・エネルギー

電気使用量や燃料の使用や貯蔵は、エネルギーとして、危険物として、又は大気や水に影響を及ぼすものとして、省エネ法、消防法、大気汚染防止法、水質汚濁防止法その他の規制対象となります。電気使用量、燃料の種類（重油、軽油、灯油、潤滑油など）と貯蔵・使用量を把握しておくとよいでしょう。

⑫ 事業計画

規制対象は、土地の開発や埋立てなど環境に影響を及ぼす「行為」に対して設けられることがあります。事業地の土地の形質変更、建屋の解体、改築、新築などの行為も規制対象となる場合があるので、これらに関する事業計画がある場合は、遅くとも予算化された段階までには何が規制対象となるのか把握しておく必要があります。そのほか、新製品の製造、生産設備の更新が決定していれば、それらの計画内容も把握しておくとよいでしょう。

環境法ではどうなっているか――「規制対象」は、企業に必ず管理してもらいたいもの

チェックシートでは、環境法の規制対象の主な要件を事業者側の視点で整理しました。ここからは法令側の視点でそれらのポイントを述べていきたいと思います。

規制対象とは、社会全体でのコントロールポイントと考えることができます。つまり環境に影響を与える事象のうち、法の目的に沿って必ず管理しなければいけないものを絞り込み、優先順位をつけているということです。

所在地、事業内容等による絞り込み

事業場の所在地、事業内容、規模、提供する製品やサービスも、規制対象の要件に該当する場合があります。

例えば工場の場合、工場立地法により、製造業、ガス供給業、熱供給業、電気供給業（水力、地熱、太陽光発電所は除く）の４業種に該当し、かつ、敷地

面積9,000㎡以上又は建築面積の合計が3,000㎡以上に該当する場合、着工90日前までの届出が義務付けられています。届出後も、生産施設や環境施設、緑地の比率が定められています。

所在地が関係する法令としては、次の図表のような例があります。

図表：所在地が関係する法令の例

・水質汚濁防止法における「指定地域」

水質汚濁防止法では、排水基準について都道府県知事が総量規制基準を定める地域（指定地域）があります（法４条の２、施行令４条の２：東京湾、伊勢湾、瀬戸内海）。

・大気汚染防止法における「指定地域」

水質汚濁防止法と同様、知事が一定規模以上の工場等から発生するばい煙について総量規制基準を定める地域があります（法５条の２、施行令７条の３）。

・自動車NOx・PM法における「規制対象地域」

本法では、埼玉県、千葉県、東京都、神奈川県、愛知県、三重県、大阪府、兵庫県の一部にかかる地域が規制対象地域となっています。規制対象地域内で対象自動車（ディーゼル乗用車、マイクロバス、普通貨物自動車など）を30台以上使用する場合は、自動車使用管理計画の策定義務、及び排出抑制の実施状況報告義務が適用されます（法６条、８条、施行令１条）。

・騒音規制法/振動規制法における「指定地域」

騒音規制法や振動規制法では、都道府県知事（市の場合は市長）が定める指定地域があり、指定地域内で特定施設を設置する場合には、本法で定める届出義務や規制基準への適合義務が適用されます（騒音規制法３条、振動規制法３条）。

業種による絞り込み

業種（事業活動）が関係する法令としては、次の図表のような例があります。

図表：業種（事業活動）が関係する法令の例

・**水質汚濁防止法の「特定施設」**

水質汚濁防止法では、設置時等の届出義務（法５条、７条）、水質基準への適合義務（法12条）、排出水等の測定義務（法14条）の対象となる特定施設について施行令別表１で定めています。この特定施設のほとんどは、業種が絞り込まれています（「鉱業又は水洗炭業の用に供する選鉱施設（１号イ）」「麺類製造業の用に供する湯煮施設（16号）」「合板製造業の用に供する接着機洗浄施設（21号の３）」など）。大気汚染防止法のばい煙発生施設（施行令別表１）にも同様のものがあります（窯業製品の製造の用に供する焼成炉及び溶融炉（９号）など）。

・**毒物劇物取締法の「業務上取扱者」**

毒物劇物取締法では、電気めっき業、金属熱処理業、毒物劇物の運送業、しろあり防除業について、「業務上取扱者（届出者）」として届出義務があります（法22条、施行令41条）。

製造する製品・提供するサービスによる絞り込み

製造する製品・提供するサービスが関係する法令としては、次の図表のような例があります。

図表：製造する製品・提供するサービスが関係する法令の例

・**容器包装リサイクル法の「特定容器製造等事業者」**

容器包装リサイクル法では、アルミ製容器、段ボール箱、紙皿など施行規則別表１に定める特定容器の製造事業者について、「特定容器製造等事業者」として、該当する特定分別基準適合物についての再商品化義務があります（法12条）。

事業規模（環境負荷量）による絞り込み

使用量や製造量、従業員数など、事業活動の規模で絞り込まれ、規制がかかる場合もあります。

事業規模は、環境への影響を間接的に評価するものといってよいでしょう。影響の大きな事業者を規制対象にすることで、社会全体での環境負荷を効果的に低減させていくという意図があります。

例えば、化審法の場合、原則１トン以上の新規化学物質を製造・輸入しようとするときは、事前に厚生労働大臣、経済産業大臣及び環境大臣（三大臣）に届出を行わなければなりません。それを受けて三大臣が規制対象か否かを審査しますが、判定が出るまでは原則として製造・輸入ができないことになっています。

また、同法では、市場に出回っている「一般化学物質」等についても、年間１トン以上の製造・輸入を行った場合などは、原則として届出義務があります。このように、化審法では「製造・輸入量」による規制をかけているのです。

事業規模と関連して、環境負荷量が関係する法令として、次の図表のような例があります。

図表：環境負荷量が関係する法令の例

・省エネ法の「特定事業者」

省エネ法では、前年のエネルギー使用量の合計が原油換算で1,500kl/年以上の事業者を「特定事業者」としています。特定事業者は、エネルギー管理統括者の選任、中長期計画及び定期報告の作成・提出義務の対象となります（法８条、９条、15条、16条など）。

・廃棄物処理法の「多量排出事業者」

廃棄物処理法では、前年度の産業廃棄物の排出量が1,000t以上の事業者を「多量排出事業者」としています（特別管理産業廃棄物の場合は50t/年以上）。多量排出事業者は減量等の計画の提出、計画の実施状況の報告義務があります。また特別管理産業廃棄物の多量排出事業者の一部は、電子マニフェストの使用が義務化されています（法12条、12条の２、12条の５など）。

・食品リサイクル法の「食品廃棄物等多量発生事業者」

食品リサイクル法では、前年度の食品廃棄物の発生量が100t以上の食品関連事業者を「食品廃棄物等多量発生事業者」としています。食品廃棄物等多量発生事業者は、発生量や発生抑制の実施量等を毎年度報告することが義務付けられています（法９条、施行令４条など）。

設備や原材料など、環境負荷の発生源による絞り込み

例えば、業務用の冷凍空調機器は、フロンガスを内蔵していることが多く、フロン排出抑制法の第１種特定製品に該当する場合は３カ月に１回の簡易点検や、１年又は３年に１回の定期点検を実施し、その記録を保存しなければなりません。機器を廃棄する際にも確実にフロンガスが回収されるように決められた手続が定められています。

こうした業務用の冷凍空調機器に該当する可能性のあるものとしては、スポットクーラーを含む業務用のエアコンや、冷凍・冷蔵ショーケースなどの冷やす機器（コンプレッサーやチラーなど）です。その場合はフロンガスが使われているかどうかを確認すべきです。

対象製品の設置が想定される場所別の機器種類の例は、次の図表のとおりです。

図表：第1種特定製品の設置場所別の種類の例

設置場所		機器種類の例
スーパー、百貨店、コンビニエンスストア	全体	パッケージエアコン（ビル用マルチエアコン） ターボ冷凍機、スクリュー冷凍機 チラー、自動販売機 冷水機（プレッシャー型）、製氷機
	食品売り場	ショーケース 酒類・飲料用ショーケース 業務用冷凍冷蔵庫
	バックヤード	プレハブ冷蔵庫（冷凍冷蔵ユニット）
	生花売り場	フラワーショーケース
公共施設	オフィスビル	パッケージエアコン（ビル用マルチエアコン） ターボ冷凍機、スクリュー冷凍機 チラー、自動販売機 冷水機（プレッシャー型）、製氷機、給茶機
	各種ホール	
	役所	
レストラン、飲食店、各種小売店	魚屋、肉屋、果物屋、食料品、薬局、花屋	店舗用パッケージエアコン、自動販売機 業務用冷凍冷蔵庫、酒類・飲料用ショーケース すしネタケース、活魚水槽、製氷機、卓上型冷水機 アイスクリーマー、ビールサーバー
工場、倉庫等	工場、倉庫	設備用パッケージエアコン、 ターボ冷凍機、スクリュー冷凍機 チラー、スポットクーラー クリーンルーム用パッケージエアコン、業務用除湿機 研究用特殊機器（恒温恒湿器、冷熱衝撃装置など） ビニールハウス（ハウス用空調機（GHPを含む））
学校等	学校、病院	パッケージエアコン（GHP含む）、チラー 業務用冷凍冷蔵庫、自動販売機、冷水機、製氷機 病院用特殊機器（検査器、血液保存庫など）
運輸機械	鉄道	鉄道車両用空調機
		地下鉄車両用空調機 地下鉄構内（空調機器（ターボ冷凍機など））
	船舶	船舶用エアコン、鮮魚冷凍庫（スクリュー冷凍機など）
	航空機	航空機用空調機
	自動車	冷凍車の貨物室、大型特殊自動車、小型特殊自動車、被牽引車

出典：「フロン類の使用の合理化及び管理の適正化に関する法律（フロン排出抑制法）第一種特定製品の管理者等に関する運用の手引き（第3版）」（令和3年4月、環境省、経済産業省）
https://www.env.go.jp/earth/furon/files/r03_tebiki_kanri_rev3.pdf

ISO14001活用アイディア

〈この要求事項を活用〉

4.3　環境マネジメントシステムの適用範囲の決定

6.1.2　環境側面

環境コンプライアンスの範囲（適用範囲）を決定し、規制対象となる製品、活動、サービスについてリストアップし、定期的に最新化する。

ISO14001の「4.3　環境マネジメントシステムの適用範囲の決定」では、次のように定めています。

4.3　環境マネジメントシステムの適用範囲の決定

組織は、環境マネジメントシステムの適用範囲を定めるために、その境界及び適用可能性を決定しなければならない。この適用範囲を決定するとき、組織は、次の事項を考慮しなければならない。

a）4.1に規定する外部及び内部の課題

b）4.2に規定する順守義務

c）組織の単位、機能及び物理的境界

d）組織の活動、製品及びサービス

e）管理し影響を及ぼす、組織の権限及び能力

適用範囲が定まれば、その適用範囲の中にある組織の全ての活動、製品及びサービスは、環境マネジメントシステムに含まれている必要がある。環境マネジメントシステムの適用範囲は、文書化した情報として維持しなければならず、かつ、利害関係者がこれを入手できるようにしなければならない。

これに基づき、組織では、組織単位、役割（機能）、所在地等（物理的境界）、事業活動、製品及びサービス、権限・能力を考慮して、EMSの適用範囲

を決定しています。

環境コンプライアンスのしくみづくりでも、同じように法令管理の範囲についてグループ会社、事業者、事業場などのうち、どの単位で行うか決定しておくと、後から混乱することがありません。その場合、オペレーション（現場ごとの運用）ではなく、ガバナンス（経営管理）の視点で考えることが重要です。法令違反のリスクは事業者の経営リスクであることを忘れずにいて下さい。

また、ISO14001の「6.1.2　環境側面」では、次のように組織が管理できる環境側面や影響を及ぼすことができる環境側面とそれらによる環境影響を決定することになっています。

6.1.2　環境側面

組織は、環境マネジメントシステムの定められた適用範囲の中で、ライフサイクルの視点を考慮し、組織の活動、製品及びサービスについて、組織が管理できる環境側面及び組織が影響を及ぼすことができる環境側面、並びにそれらに伴う環境影響を決定しなければならない。

環境側面を決定するとき、組織は、次の事項を考慮に入れなければならない。

a）変更。これには、計画した又は新規の開発、並びに新規の又は変更された活動、製品及びサービスを含む。

b）非通常の状況及び合理的に予見できる緊急事態

組織は、設定した基準を用いて、著しい環境影響を与える又は与える可能性のある側面（すなわち、著しい環境側面）を決定しなければならない。

組織は、必要に応じて、組織の種々の階層及び機能において、著しい環境側面を伝達しなければならない。

組織は、次に関する文書化した情報を維持しなければならない。

－環境側面及びそれに伴う環境影響

－著しい環境側面を決定するために用いた基準
－著しい環境側面
注記　著しい環境側面は、有害な環境影響（脅威）又は有益な環境影響（機会）に関連するリスク及び機会をもたらし得る。

環境コンプライアンスのしくみづくりでも、所在地や人員など適用範囲に関する情報を整理し、適用範囲での事業活動に伴い使用・排出されるものを洗い出し、最新化しておくと、適用される法令を判断・決定する場合に役立ちます。

例えば、次の図表のような環境調査表による整理も有効です。

図表：環境コンプライアンス　初期調査表

区分	調査事項	確認結果	関連法規制
組織の状況	・名称 ・所在地 ・操業年 ・代表者名 ・従業員数	△△工業株式会社　○○工場 □□県□□市…番地 1970年11月 順法 太郎(2022年4月～) 300人	公害防止組織法 大気汚染防止法 …
敷地利用情報	・敷地面積 ・取水の状況 ・排水の状況 ・建物・施設	5,000㎡ 上水 公共下水道に接続 製造棟1棟、駐車場、社員食堂	工場立地法 水質汚濁防止法 …
エネルギー	・使用する燃料 ・電力使用量	A重油、軽油、LPG 3,000kl/年	省エネ法
製造設備	・使用している設備機械	ボイラー	
ユーティリティ	・使用している設備	排水処理設備、空調機	水質汚濁防止法 大気汚染防止法 フロン排水抑制法
保管・貯蔵物	・薬品、原料、資材など	軽油、アンモニア	水質汚濁防止法
廃棄物	・産業廃棄物の種類、量 ・一般廃棄物の種類、量 ・処理委託事業者	廃プラスチック○t、汚泥○t △△環境（収集運搬） …	廃棄物処理法
事業計画	・解体等工事 ・新築・改築・補修 ・設備の新設・廃止	製造棟の新設	建築物省エネ法

図表：管理対象の例

	規制対象の要件区分（表中の太字は規制対象の名称等、（　）内は具体的な要件の例）					
	事業所所在地（都道府県、市町村）→本文19ページ	事業内容（業種）→本文21ページ	規模（使用量・廃棄量・金額・従業員数など）→本文22ページ	種類（設備・材料・廃棄物、行為等）→本文23ページ	種類（製品・サービス等）→本文21ページ	備考
公害防止組織法		**特定工場**（製造業・電気供給業・ガス供給業、熱供給業）	**特定工場**（ばい煙発生施設からの排出ガス量が１万㎥/時など）	**特定工場**（ばい煙発生施設、一般粉じん発生施設、汚水等排出施設、騒音発生施設、振動発生施設、ダイオキシン類発生施設など）		
地球温暖化対策推進法（エネルギー起源CO_2の場合）		**特定輸送排出者**（貨物輸送事業、旅客輸送事業、航空輸送事業、荷主）	**特定事業所排出者**（エネルギー使用量1,500kl/年）**特定輸送排出者**（トラック200台以上等）			
省エネ法		**貨物輸送事業者**（国内での貨物輸送業）**旅客輸送事業者**（国内での旅客輸送業）**航空輸送事業者**	**特定事業者**（エネルギー使用量1,500kl/年）**特定貨物輸送事業者**（トラック200台以上等）**特定荷主**（3,000万t-km/年以上）**エネルギー管理指定工場**（エネルギー使用量：第１種3,000kl/年以上、第２種1,500kl/年以上）		**特定機器**（断熱材、サッシ、自動車、エアコン等）	
フロン排出抑制法（第１種特定製品の管理者・整備者・廃棄等実施者の場合）			**特定漏えい者**（フロン類算定漏えい量1,000t-CO_2以上）	**第１種特定製品**（フロン類が充填されている業務用エアコン、冷蔵機器、冷凍機器）		
大気汚染防止法（ばい煙規制の場合）	**指定地域**（例：埼玉県の区域のうち、川口市、草加市、蕨市、戸田市、鳩ケ谷市、八潮市及び三郷市の区域、等）	**ばい煙発生施設**（例：金属の精錬又は無機化学工業品の製造の用に供する焙焼炉、焼結炉及び煆焼炉）	**ばい煙発生施設**（例：原料の処理能力が１時間あたり１t以上の焙焼炉、焼結炉及び煆焼炉）	**ばい煙発生施設**（例：原料の処理能力が１時間あたり１t以上の焙焼炉、焼結炉及び煆焼炉）		
水質汚濁防止法（特定事業場への規制の場合）	**指定地域**（館山市洲埼から三浦市剱埼まで引いた線及び陸岸により囲まれた海域など）	**特定施設**（合成ゴム製造業の用に供するろ過施設、脱水施設など）	**指定地域内事業場**（排水量50㎥/日以上の特定事業場）	**特定施設**（合成ゴム製造業の用に供するろ過施設、脱水施設など）		

				有害物質貯蔵指定施設/有害物質使用指定施設 （トリクロロエチレンなど28物質） 貯油施設 （原油、重油、潤滑油、軽油、灯油、揮発油、動植物油、油水分離施設） 指定施設 （ホルムアルデヒドなど56物質）		
下水道法			使用開始届出対象 （汚水量50㎡/日以上の事業場、下水の水質が一定基準以上の事業場） 除害施設の設置基準 （下水の水質が条例で定める基準以上の場合）	使用開始届出対象 （水質汚濁防止法の特定施設等）		
浄化槽法			技術管理者の設置対象 （501人槽以上の浄化槽）	浄化槽使用者 （浄化槽）		
廃棄物処理法		業種限定の産業廃棄物 （建設業、新聞業、食料品製造業、医薬品製造業など） 事業場外での産廃保管 （建設業の場合、300㎡以上）	多量排出事業者 （産廃の場合1,000t/年、特別管理産廃の場合50t/年） 事業場外での産廃保管 建設業の場合、300㎡以上	産業廃棄物 （廃プラスチック、ゴムくず、金属くず等20種類） 特別管理産業廃棄物 （pH2.0以下の廃酸、pH12.5以上の廃アルカリなど）		排出事業者に係るもの
プラスチック資源循環法		プラスチック使用製品製造事業者等 （プラスチック使用製品の設計業務） 特定プラスチック使用製品提供事業者 （各種商品小売業、飲食料品小売業、食肉小売業、宿泊業、飲食業など）	排出事業者 （商業及びサービス業の場合５人以下、それ以外の場合20人以下は判断基準の適用外） 多量排出事業者 （前年度のプラスチック使用製品産業廃棄物等が250t以上）		特定プラスチック使用製品 （フォーク、スプーン、ヘアブラシ、衣類用ハンガー、衣類用カバー等） 特定プラスチック使用製品提供事業者 （特定プラスチック使用製品の提供）	
化管法		第１種指定化学物質等取扱事業者 （金属鉱業、製造業など）	第１種指定化学物質等取扱事業者 （従業員数21人以上、年間取扱量１t以上など）	第１種指定化学物質 （施行令別表１で定める物質） 第２種指定化学物質 （施行令別表２で定める物質） 特定第１種指定化学物質	第１種指定化学物質 （施行令別表１で定める物質） 第２種指定化学物質 （施行令別表２で定める物質） 特定第１種指定化学物質	

第３章

「管理体制」をチェックする

役割・責任・権限のしくみ

よくあるダイアローグ

POINT！

管理者がよくわからないという状況は、多くの場合、問題が発覚し、最も困っている時に明らかになります。日頃から担当者・管理者を曖昧にしておかないことが大切です。

チェックシート

□事業活動を行う「事業者」と「事業場」は、どのような組織体系になっていますか？
例：○○株式会社、○○販売店 ○○株式会社　○○工場 ○○株式会社、○○事業所、○○工場、○○営業所、○○支社 ○○株式会社○○事業部、○○ショップ（直営店）、○○ショップ（フランチャイズ加盟店） ○○株式会社（単一事業場）
□事業活動を行う「事業場」には、どのようなものがありますか？
例：□□支社（○○県○○市）、○○営業所（○○県○○市）、△△工場（○○県○○市）
□それぞれの事業場は、どのような組織構成になっていますか？
例：所長、総務課、営業課、製造課、品質管理課
□本社と各事業場ごとに、環境管理の全体責任者は明確になっていますか？
例：代表取締役社長、事業部長、工場長　など
□規制対象となる設備、原材料、産業廃棄物、エネルギーなどごとに、管理責任者や対応者は明確になっていますか？
例：設備課長（排水処理設備）、工務課長（危険物）、総務課長（廃棄物）、品質管理課長（毒劇物）　など

<table>
<tr><td>□規制対象の管理を外部委託している場合、委託管理の責任者は明確になっていますか？（契約の担当者、指導監督者が異なる場合はそれぞれの役割が明確になっているか？）</td></tr>
<tr><td>例：ユーティリティの業務委託を行っている（3社）。契約課にて契約内容を決定し、現場の委託管理は総務課長が責任者となっている。</td></tr>
<tr><td>□規制対象の管理責任者や対応者が誰か（どこの部署か）、関係者は知っていますか？（外部委託業者も含む）</td></tr>
<tr><td>例：業務所掌一覧などの文書がある、現場に掲示がある、少人数なので改めて確認しなくてもわかる　など</td></tr>
<tr><td><MEMO></td></tr>
</table>

第３章

「管理体制」をチェックする～役割・責任・権限のしくみ

解説

法令遵守の責任者や担当者が曖昧だと…

本章の「よくあるダイアローグ」は、トラブルから始まっています。どうやら倉庫で農薬の在庫数量が仕入れ帳簿と合わないようです。農薬の中には毒物や劇物に該当するものもあり、該当する場合、販売業者には譲渡書類への記録や盗難又は紛失防止措置などが求められます。この場面では譲渡書類と在庫数量が合わないという状況になっており、最悪の場合、盗難の可能性も考えられる事態です。ダイアローグの続きを見ると、倉庫への搬入、倉庫からの搬出いずれもチェックする担当者が不在のまま運用していた実態が明らかになります。このように、誰が責任者なのか明確でなかった実態が、往々にしてトラブル発生時に発覚するものです。

では、この会社は、どのように責任体制を整備すればよかったのでしょうか。

法令遵守を行うための体制は、組織によって様々です。

事業者（本社）と事業所（営業所や工場）が連携して対応しなければならない場合もあれば、事業所内の複数の部署で役割分担しなければならない場合や、対応を外部に業務委託している場合もあります。

第２章で整理した遵守すべき規制対象に対して役割と責任が明確になっていないと、知らず知らずのうちに管理者不在となってしまい、法令違反につながるリスクがあります。冒頭で紹介したダイアローグにおける農薬の在庫数量に関するやりとりのように、何か問題が発覚したときに責任者が不明であることは、ありがちとはいえ、絶対に避けたいケースといえましょう。

まずは役割（このダイアローグの場合は、倉庫での出入りを管理する、帳簿を管理する、在庫と帳簿の整合を管理するといった役割）とその担当者を決定しておくことが必要です。担当者は、「たぶん○○さんがやってくれているはず」という不確かな属人化や、「A係又はB係のどちらかで臨機応変に」といった曖昧さを避け、○○課の○○担当者が行う、というように明確にしておくことが重要です。業務所掌を定めた文書に法令対応の役割を明記しておくと、会社として管理者・担当者が明確になります。

チェックシートのポイント

本章のチェックシートでは、まず組織の指示系統を整理することからはじまり、本社、各支店等ごとの管理責任者、そして規制対象ごとの管理責任者や対応者（部署）が明確になっているかをチェックするようになっています。この場合、「明確になっている」というのは、「明文化され、関係者の誰もが同じ認識の下で判断や行動をとっている」という意味です。

① 事業者全体の組織体系

法人単位で、事業活動を行うすべての事業所（支店、営業所、工場、倉庫）の組織体系をチェックします。複数の業種を同時に経営している企業もありますので、その場合は中核となる事業以外も確認しておく必要があります。また、フランチャイズチェーン事業を展開している企業の場合は、契約形態によっては省エネ法の特定連鎖化事業者に該当する可能性があり、該当する場合は自社と一体的に省エネ法対応を行う必要がありますので、店舗数と契約形態を把握しておきましょう。

② 企業としての管理責任者、事業場の管理責任者

支店や営業所、工場がある場合は、それらの事業場ごとの管理責任者が明確になっているか確認しましょう。小規模の営業所などでは、現場に管理責任者を置かず、本社の担当者が管理責任者になる場合もありますが、そのような場合も本社の誰が、本社以外の（どこの）営業所の責任者であるかを明確にして

おきましょう。

③ 規制対象ごとの管理者（担当者）

次に、第２章で整理した規制対象ごとの管理者が明確になっているかチェックします。

規制対象となるエネルギーや燃料、原材料、資材や、発生する産業廃棄物は、事業活動に伴うものである以上、必ずその仕事をする主管部署があるはずです（敷地管理は総務、原材料の管理は製造、車両は総務又は営業など）。したがって、たいていの場合は業務担当者と法的対応者は同一となっています。

一方で、法的対応を特定の部署で集約的に担当したり、外部委託していることがあります。EMS運用組織の場合は事務局が管理しているケースも少なくありません。このように本来業務とこれに伴う法的対応が切り離されているような場合、法的逸脱が減る可能性があります。ただし、EMS事務局以外の人達は、たとえ自分の仕事と密接に関わっている原材料や危険物や廃棄物であっても、自分の仕事に関わる法令遵守に関心をもたなくなってしまい、結果的に現場の運用で違反が起きてしまうリスクがありますので、注意が必要です。

環境法ではどうなっているか――「選任義務」は必ずとってもらいたい体制

環境法の中には、法的義務として組織の体制整備を求めるものがあります。

条文では「…を選任しなければならない。」「…を設置しなければならない。」という記述が用いられていることが多いため、「選任義務」、「設置義務」などと言われます。

法目的に実効性をもたせるために、必要な役割、責任、権限を法令条文の中で明確にした上で、事業者又は事業所ごとに必ず配置させるようにしています。

選任義務を要求している法令の例

① 公害防止組織法　―公害防止統括者、公害防止管理者等

本法は工場等の体制整備を求める代表的な法令です。大気汚染、水質汚濁、騒音、振動、ダイオキシン類の発生といった公害を防止するために必要な組織体制の整備、すなわち役割と責任、権限の明確化を求めています。具体的には特定工場となる施設及び工場に対し、公害防止統括者、公害防止主任管理者、公害防止管理者、及びこれらの設置者が職務を行うことができない場合選任する代理者の選任義務があります（法３条〜６条）。

なお、公害防止統括者、公害防止主任管理者は、特定工場の一部のみに設置義務があります。

② 省エネ法―エネルギー管理統括者、エネルギー管理者等

特定事業者を対象に、事業の統括管理を行う者としてエネルギー管理統括者、エネルギー管理統括者を補佐する者としてエネルギー管理企画推進者の選任義務があります。また特定事業者の第１種エネルギー管理指定工場に対して、エネルギー管理者又はエネルギー管理員、第２種エネルギー管理指定工場に対してエネルギー管理員を選任しなければならないこととなっています（法８条、９条、11条、12条、14条）。

③ 廃棄物処理法―特別管理産業廃棄物管理責任者

特別管理産業廃棄物を排出する場合、特別管理産業廃棄物の排出状況の把握、特別管理産業廃棄物処理計画の立案、適正な処理の確保（保管状況の確認、委託業者の選定や適正な委託の実施、マニフェストの交付、保管等）を行う特別管理産業廃棄物管理責任者を事業場ごとに設置することが義務付けられています（法12条の２）。

④ 浄化槽法―技術管理者

501人槽以上の浄化槽を設置する場合、技術管理者を設置することが義務付けられています（法10条）。

⑤ 毒物劇物取締法―毒物劇物取扱責任者

毒物劇物営業者（登録を受けた製造業者、輸入業者、販売業者）や業務上取扱者（電気めっき業などの届出業者）は、製造所、営業所、店舗ごとに、専任の毒物劇物取扱責任者を配置することが義務付けられています（事業者自ら毒物劇物取扱責任者として対応する場合は対象外）（法７条、22条）。

⑥ 労働安全衛生法―統括安全衛生管理者、安全管理者等

業種・規模・人数に応じて、事業場ごとに統括安全衛生管理者、安全管理者、衛生管理者、安全衛生推進者、産業医などの選任義務があります。また、業種や人数に応じて安全委員会や衛生委員会の設置義務があります。その他ガス溶接作業、有機溶剤作業など、31の作業について作業主任者の選任義務があります（法10条～19条、施行令６条）。

⑦ 消防法―防火管理者、統括防火管理者等

火災の予防等に関して、工場、事業場等での防火対象物の管理権原者に対して防火管理者の選任義務があります。管理権原が分かれている高層ビル等を対象として、建築物全体の防火管理業務を行う統括防火管理者の選任義務があります。また、指定数量以上の危険物を製造・貯蔵・取扱する製造所等を対象として危険物保安統括管理者、危険物保安監督者、危険物施設保安員の選任義務があります（法８条、８条の２、12条の７、13条、14条）。

⑧ 高圧ガス保安法―保安統括者、保安技術管理者等

第１種製造所、第２種製造所に対して、事業所ごとに高圧ガス製造保安統括者、高圧ガス製造保安技術管理者、高圧ガス製造保安係員などの選任義務があ

ります。また、冷凍のためにガスを圧縮する設備に係る第１種製造所、第２種製造所に対して、冷凍保安責任者の選任義務があります。そのほか、経済産業省で定める高圧ガスの販売業者に対して販売主任者の選任義務、特定高圧ガス消費者に対して特定高圧ガス取扱主任者の選任義務があります（法27条の２、27条の３、27条の４、28条）。

選任が必要な人数が規定される場合も

選任義務の中には、その人数が定められている場合があります。

省エネ法11条で第１種エネルギー管理指定工場に選任することが義務付けられているエネルギー管理者は、業種、燃料等使用量（原油換算）により選任者数が指定されています（コークス製造業、電気・ガス・熱の供給業で燃料等使用量が10万kl以上の場合２名など。施行令４条）。

ISO14001活用アイディア

〈この要求事項を活用〉

5.3　組織の役割、責任及び権限

法令に規定する選任義務について、EMS組織図や業務所掌に明記する。

ISO14001の「5.3　組織の役割、責任及び権限」では、次のように定めています。

5.3　組織の役割、責任及び権限

トップマネジメントは、関連する役割に対して、責任及び権限が割り当てられ、組織内に伝達されることを確実にしなければならない。

トップマネジメントは、次の事項に対して、責任及び権限を割り当てなければならない。

a）環境マネジメントシステムが、この規格の要求事項に適合することを確実にする。

b）環境パフォーマンスを含む環境マネジメントシステムのパフォーマンスをトップマネジメントに報告する。

EMS運用組織では、環境管理上の役割、責任及び権限を決定し、「組織図」「役割責任一覧」などの文書にしています。

環境コンプライアンスのしくみづくりでも、法令で選任義務のある管理者等を一覧化しておくと、組織改編や異動があった場合にも役割責任の情報を最新化することができます。さらに一歩進めるのであれば、会社組織を定めた文書へ「公害防止管理者」、「エネルギー管理者」など選任義務に基づく役割を併記しておくと、事業上の役割責任の中に環境管理を統合することができます（「図表：役割責任一覧表」参照）。

図表：役割責任一覧表

役職名 ※（　）内は法に基づく役割	役割・責任・権限 ※（）内は法に基づく役割	備考
工場長 （公害防止統括者/エネルギー管理統括者）	工場全体の経営責任者 （公害防止対策の責任者、エネルギー管理を含めた事業実施の統括管理者）	
製造部長 （公害防止管理者） （エネルギー管理企画推進者）	工場のEMS責任者 （公害防止の技術的な管理者、エネルギー管理統括者を補助）	公害防止組織法 省エネ法
総務課長 （特別管理産業廃棄物管理責任者）	○○部の統括管理者 （工場から排出される特別管理産業廃棄物の保管、処理委託等の管理責任者）	廃棄物処理法
工務係長 （エネルギー管理員）	○○係の業務リーダー （工場で使用するエネルギーに関する技術的な管理者）	省エネ法

図表：多くの事業者に関連する環境法と要求事項の関係の例（組織整備）

法律名	規制内容の例（カッコ内は法律の条項）
公害防止組織法 （特定工場の場合）	公害防止統括者の選任（法３条） 公害防止主任管理者の選任（法５条） 公害防止管理者の選任（法４条） 代理者の選任（法６条）
省エネ法 （特定事業者の場合）	エネルギー管理統括者の選任（法８条） エネルギー管理企画推進者の選任(法９条) エネルギー管理者の選任（法11条） エネルギー管理員の選任（法14条）
浄化槽法 （浄化槽を設置する事業者の場合）	技術管理者の設置（法10条）
廃棄物処理法 （産業廃棄物・特別管理産業廃棄物の排出事業者で、処理業者に処理を委託する場合）	特別管理産業廃棄物管理責任者の設置（法12条の２）
プラスチック資源循環法 （排出事業者の場合）	責任者の選任など（基準命令８）※
毒物劇物取締法 （毒物劇物営業者の場合）	毒物劇物取扱責任者の設置（第７条）

※基準命令＝「排出事業者のプラスチック使用製品産業廃棄物等の排出の抑制及び再資源化等の促進に関する判断の基準となるべき事項等を定める命令」（令和４年内閣府、デジタル庁、復興庁、総務省、法務省、外務省、財務省、文部科学省、厚生労働省、農林水産省、経済産業省、国土交通省、環境省、防衛省令第１号）

第4章

「対応能力」をチェックする

力量確保のしくみ

よくあるダイアローグ

POINT！

ほとんどの場合、担当者は誠意をもって任された現場の業務にあたっています。大切なことは、こうした担当者に、正しい情報や知識をもってもらうことです。

チェックシート

□規制対象となる設備や薬品、廃棄物等について、管理に必要な対応能力を決定していますか？

例：必要事項が記載された手順書を整備して決定している。担当者には必要事項が記載された手順書どおりに現場運用することを求めている。

□対応能力を確保するため、どのようなことをしていますか？

例：担当者は年 1 回研修を行い、手順書の内容を習得させている。テストにより習得を確認している。
複数担当制をとっており、現場経験で熟練者から習得している。所定の年数経験を積んだ場合、交代するようになっている。
外部委託している。

□対応能力の確保状況を、どのように管理していますか？

例：社員一人ひとりについて、身につけたスキル、習得日、習得方法を管理している。
紙での記録や保管管理が不要となる電子申請に切り替え、必要な対応を自動化していく予定だ。

□スキルをもって業務にあたることができる人は、十分確保されていますか？

例：次年度以降、退職者が続く見込みなので、人員減に対して補充する必要がある。

<MEMO>

<MEMO>

第4章

「対応能力」をチェックする～力量確保のしくみ

解説

遵守義務を担当する人に対応能力が不足していると…？

本章の「よくあるダイアローグ」では、社内の法令監査の場面でのやりとりが示されています。産業廃棄物の保管、処理委託契約、マニフェストの運用管理それぞれの担当者は明確にされ、各担当者は誠意をもって法令管理者に自らの業務内容を説明しています。法令管理者が次のステップとして、具体的な遵守内容に踏み込むにつれ、担当者たちの回答が次第に曖昧になっていきます。監査や審査に対応したことがある読者の中には、こうした細かい質問への対応に緊張した経験をお持ちの方もいるかもしれません。

ダイアローグでは、色々と尋ねられた担当者が不安な表情を見せながら「前任者がやっていた方法」や「何となくいつもやっている方法」を回答していますが、少々苦戦しているようです。

誠意があっても、対応能力がなければ法令違反は逃れられないのです。

規制対象が明確になり、社内の責任者が決まると、これで遵守義務に対応できる（はず）という安心感が生まれてしまいがちですが、それだけではまだコンプライアンスは実現しません。担当者は法令対応として何をしなければいけないのか、又は何をしてはいけないのかを理解し、対応能力を備えておく必要があります。これは一見当たり前のようですが、意識的に管理しなければ実現されません（実際、内部監査や外部審査では、遵守義務に関する指摘があった際の原因としてしばしば「担当者の理解不足」があげられます）。

では、どのように対応能力を管理すればよいのでしょうか。

チェックシートのポイント

対応能力の確保に関するチェックポイントはシンプルです。「どのような対応能力が必要か会社として把握しているか」、「その対応能力を確保するための手段がとられているか」、「対応能力の確保の状態がわかるようになっているか」の３点といえるでしょう。

① 必要な対応能力の把握

法規制で要求されることは、実に多岐にわたります。先ほどのダイアローグでとりあげた廃棄物処理法に基づく産業廃棄物の場合、現場管理（保管場所）、契約管理、文書管理、そして行政報告などがあり、担当部署が複数にまたがるケースもあり、時には連携して対応しなければならないこともあります。

② 対応能力を確保するための手段

①で整理した対応能力の中には、手順書やマニュアルを読んで理解すればよいものもあれば、高度な専門性が求められ、外部の研修を受講したり、場合によっては新たな人材の採用や外部委託が必要なものもあります。大切なのは「能力を確保すること」にありますので、それぞれの企業の実態に応じて有効な手段をとることが必要です。

③ 対応能力の充足状況の把握

法的対応能力に欠けるということは、法令遵守上リスクが高く、避けたい事態といえます。そのためには現在の状態だけでなく、今後も継続的に確保していけるかについても評価しておく必要があります。

DXで変わる対応能力

また、少し視点が変わりますが、対応能力は必ず人によって担保されなければならないということはありません。人口減少に伴い、年々人材の確保が難しくなっていくことを踏まえ、様々な分野でDX（デジタルトランスフォーメーション）が進められていますが、法令対応においても例外ではなく、例えば以下のような電子報告システムを活用して産廃マニフェストを紙から電子にすると、返送日のチェックや年１回の交付状況報告などが不要になり、そのための人の能力確保も不要になります（ただし、電子報告システムの利用に関する新たな能力は必要になります）。

DXが進んでいる法令対応プラットフォームの例

［EEGSイーグス］省エネ法・温対法・フロン法電子報告システム

https://eegs.env.go.jp/eegs-report/login

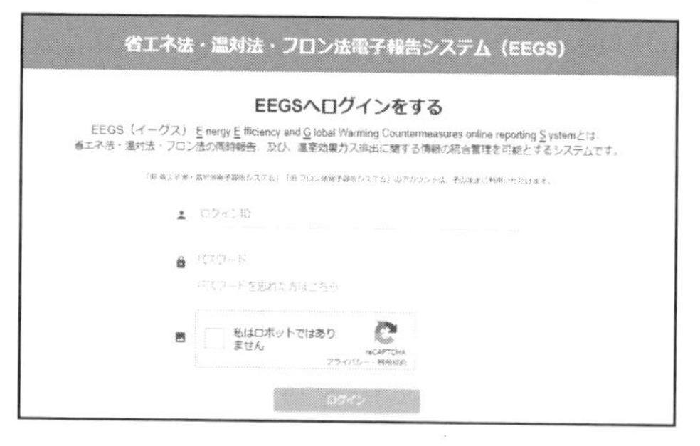

［JWNET］廃棄物処理法に基づく電子マニフェストシステム

https://www.jwnetweb.jp/wusr/index.html

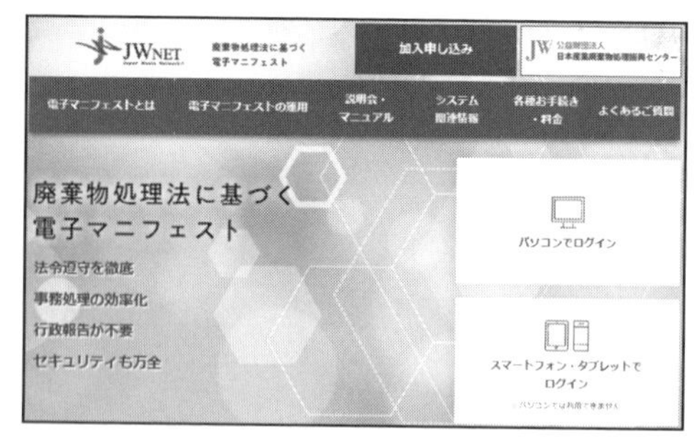

［石綿事前調査結果報告システム］大気汚染防止法、労働安全衛生法の石綿障害予防規則に基づく解体等工事における石綿含有有無の事前調査結果の報告に関するオンラインシステム

https://www.ishiwata-houkoku.mhlw.go.jp/shinsei/

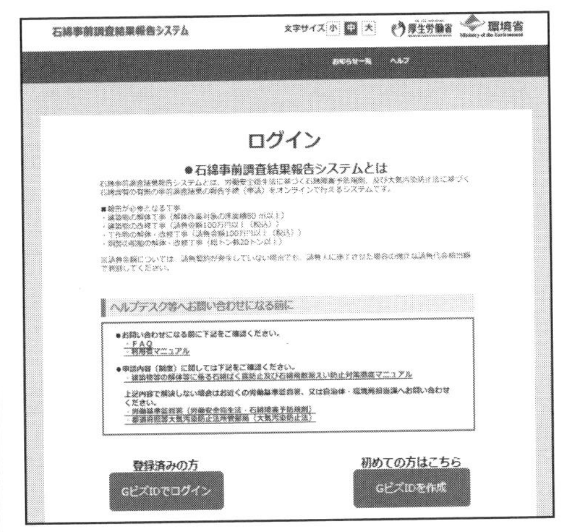

［RaMS冷媒管理システム］フロン排出抑制法に基づく冷媒管理に関連する書類の作成、交付、回付、保存やその縦覧、承諾に関するオンラインシステム

https://www.jreco.jp/

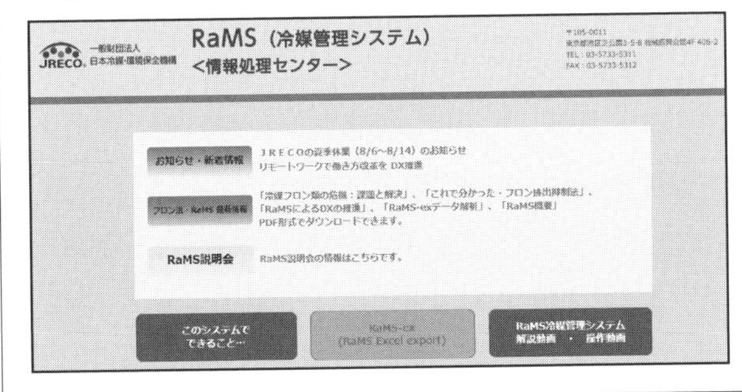

その他、IoT技術の普及により、点検業務においても将来的には人による対応能力が不要になるかもしれません。令和４年８月、フロン排出抑制法に基づく点検については、本法の判断基準が改正され、遠隔監視システムによる漏えい検知など、IoT・デジタル技術を活用することが認められました。

人による対応能力の確保が課題となっている企業は、このようなDXを積極的に取り入れることも有効といえるでしょう。

環境法ではどうなっているか――配置義務に付随する「公的資格」は「管理上必ず発揮してほしい知識・技術」＝「力量」

第３章でまとめた組織体制の整備を求める法的義務に関連して、「対応能力の確保」があります。

環境管理には、排水処理やばい煙発生施設の管理など、専門技術をもった担当者が行わなければ災害や事故につながったり、不適切な状態のまま維持されてしまったりするものがあります。そのため、選任義務に基づいて選任する役割の中には、国家試験の合格者であることや一定年数以上の実務経験者であることなどの資格要件を設けているものがあります。管理上、専門知識や技術が欠かせないものについて、確実にその発揮できる能力（＝力量）を備えてもらいたいという法令の意図ととらえることができます。

選任者に対応能力を要求している法令の例

① 公害防止組織法―公害防止管理者、代理者、公害防止主任管理者

特定工場ごとに設置が義務付けられている公害防止管理者等には、公害発生施設の区分ごとに全部で13種類あり（大気１種～４種、水質１種～４種、騒音・振動、粉じん（特定粉じん及び一般粉じん）、ダイオキシン類、公害防止主任管理者）、それぞれについて選任可能な公害防止管理者資格が決められています（例：大気関係有害物質発生施設で排出ガス量が４万㎥/h未満の工場は、大気関係第２種公害防止管理者の選任が義務付けられ、大気関係第１種、第２種の資格保有者から選任することができます）（法４条、施行令８条）。

これらの資格を取得するためには、公害防止管理者等国家試験に合格するか、公害防止管理者等資格認定講習を修了する必要があります（技術資格や実務経験の要件あり）（法７条）。

公害防止主任管理者は、一定規模以上のばい煙発生施設と一定量以上を排出する汚水等排出施設の両方を設置する工場に対して選任が義務付けられているものであり、公害防止主任管理者に選任するための資格要件は、公害防止主任管理者の有資格者であること、又は公害防止管理者の大気関係第１種、又は第３種の有資格者であり、かつ、水質関係第１種若しくは第３種の資格を有する者であることが求められています。

これらの公害防止管理者や公害防止主任管理者が職務を行うことができない場合に選任しなければならないとされている代理者も、同様の要件を満たす必要があります（法６条）。

② 省エネ法―エネルギー管理士

第１種エネルギー管理指定工場に設置が義務付けられているエネルギー管理者の選任要件として、エネルギー管理士免状所有者であることとされています。エネルギー管理士免状の取得には、エネルギー管理士試験（国家試験）に合格するか、エネルギー管理研修を修了する必要があります（実務経験３年以上の要件あり）（法51条）。

③ 毒物劇物取締法―毒物劇物取扱責任者

毒物劇物営業者、業務上取扱者（届出業者）に設置が義務付けられている毒物劇物取扱責任者は、薬剤師、毒物劇物取扱者試験合格者、所定の学校で応用化学に関する学課を修了した者のいずれかでなければならないとされています（法８条）。

④ 浄化槽法―技術管理者

501人槽以上の浄化槽を設置している場合に設置が義務付けられている技術

管理者は、浄化槽管理士資格を保有し、かつ2年以上の実務経験者でなければならないとされています（法10条、施行規則8条)。

⑤ 廃棄物処理法—特別管理産業廃棄物管理責任者

特別管理産業廃棄物を排出する場合に設置が義務付けられている特別管理産業廃棄物管理責任者は、所定の学校で理学や薬学等の課程を修了し、一定（2年以上）の実務経験を持つ者か、廃棄物処理に関して10年以上の技術的な実務経験があるか、それらと同等以上の知識があると認められる者でなければならないとされています（公益財団法人日本産業廃棄物処理振興センターの講習を受講し、修了試験に合格するパターンが一般的です)。

感染性産業廃棄物の場合は、医師、歯科医師、薬剤師、獣医師、保健師、助産師、看護師、臨床検査技師、衛生検査技師、歯科衛生士等の資格か、大学で医学、薬学、保健学、衛生学、獣医学の課程を修了しているか、これらと同等以上である等の必要があります（法12条の2、施行規則8条の17)。

ISO14001活用アイディア

〈この要求事項を活用〉

7.2　力量

選任義務の対象に公的資格保有者などの選任要件が設けられているものを企業に必要な力量として決定し、計画的に有資格者を養成・確保するなどの管理をする。

ISO14001の「7.2　力量」では、次のように定めています。

7.2　力量

組織は、次の事項を行わなければならない。

a）組織の環境パフォーマンスに影響を与える業務、及び順守義務を満たす組織の能力に影響を与える業務を組織の管理下で行う人（又は人々）に必要な力量を決定する。
b）適切な教育、訓練又は経験に基づいて、それらの人々が力量を備えていることを確実にする。
c）組織の環境側面及び環境マネジメントシステムに関する教育訓練のニーズを決定する。
d）該当する場合には、必ず、必要な力量を身に付けるための処置をとり、とった処置の有効性を評価する。

注記 適用される処置には、例えば、現在雇用している人々に対する、教育訓練の提供、指導の実施、配置転換の実施などがあり、また、力量を備えた人々の雇用、そうした人々との契約締結などもあり得る。組織は、力量の証拠として、適切な文書化した情報を保持しなければならない。

EMS運用組織では、上記の要求事項を満たすために「力量一覧」「教育訓練計画」といった文書を整備していることがあります。業務で必要とする公的資格をこうした一覧文書に含めることで、社内有資格者数を把握し、欠員がでないよう計画的に育成することができます。

図表：環境コンプライアンス有資格者一覧表の例

力量	要件	現在資格保持者	計画		備考
公害防止管理者	…	○○ ○○ ○○ ○○ ○○ ○○	社員育成	○年度までに○人	試験日 ○月○日
エネルギー管理者	…	○○ ○○ ○○ ○○ ○○ ○○	社員育成	○年度までに○人	試験日 ○月○日
			新規採用	○年度までに○人	
			内部確保が困難のため、外部委託	○年度までに○人	
			本社兼任	○年度までに○人	

図表：多くの事業者に関連する環境法と要求事項の関係の例（対応能力）

法律名	規制内容の例（カッコ内は法律の条項）
公害防止組織法 （特定工場の場合）	公害防止主任管理者の要件（法７条） 公害防止管理者の要件（法７条）
省エネ法 （特定事業者の場合）	エネルギー管理者の要件（法11条） エネルギー管理員の要件（法12条）
浄化槽法 （501人槽以上の浄化槽を設置する事業者の場合）	技術管理者の要件（法10条）
廃棄物処理法 （特別管理産業廃棄物の排出事業者で、処理業者に処理を委託する場合）	特別管理産業廃棄物管理責任者の要件（法12条の２）
毒物劇物取締法 （毒物劇物営業者の場合）	毒物劇物取扱責任者の要件（法８条）

第 5 章

「取組み」をチェックする

目標管理のしくみ

よくあるダイアローグ

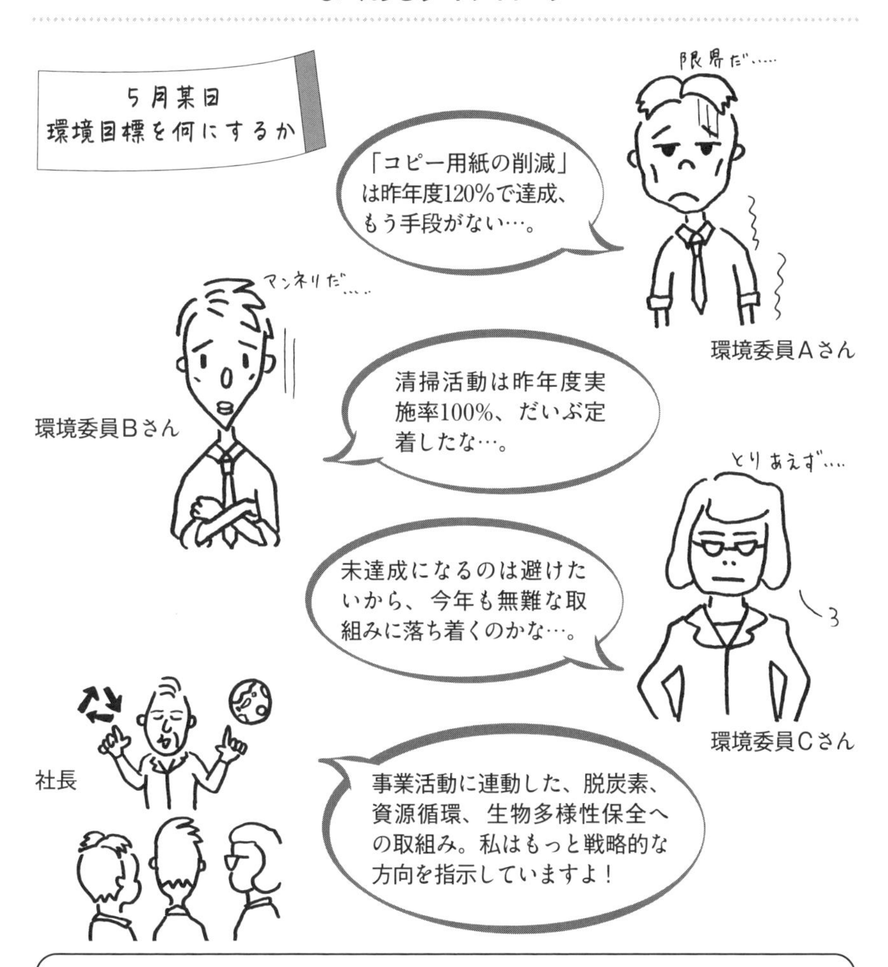

POINT！

環境への取組みを事務的に決めようとすると、担当者は色々悩んだ挙句、「とりあえず」のものになってしまいがちです。
取組みを意味のあるものにするには、経営層が会社の利益確保や損失回避のために意図している方向（戦略的方向性）と常に結びついていることが重要です。

チェックシート

□持続可能な経営を目指すとき、会社として現在どのような課題がありますか？（市場の新しい動向、社内の人材育成、設備の更新、事故やトラブルの原因となるもの、資金調達）
例：原料及びエネルギー価格の高騰。 後継者育成。 製造設備の老朽化。
□事業活動を行う上で、解決していない（又はトラブルが起きそうな）環境への影響はありますか？
例：排水処理施設が老朽化して、水質が安定していない。 業務量が倍増して産廃の量が昨年度比倍増した。 調達している原材料は天然資源を使用しており、取引先から代替品を要求されている。 騒音の苦情がある。
□事業活動を行う上で、気候変動がもたらす環境変化（高温化や気象災害など）やその他の自然現象は、会社の事業活動に支障を与えていますか？　影響がある場合、どのようなことですか？（今後予想されることも含む）
例：台風による物流遅延があった。 夏期の異常気象による従業員の健康維持が難しい。 海水温が上昇し、従来の養殖技術では対応できない　など
□会社の事業活動に対して寄せられる期待や要求として、誰から、どのようなものがありますか？
例：プラスチック使用製品の使用を抑制することを施設利用者から期待されている。 近隣住民から緑地の適正維持を期待されている。 資金調達先（銀行）から脱炭素経営を期待されている。

□環境への取組みとして、ゴールを設けてチャレンジするテーマにはどのようなものがありますか？それは何をいつまでに、どのようにすることですか？（会社全体として、事業所として、組織として）本章のチェック項目と、第２章で整理した法規制対象をもとに決定してください。
例：今年度中に、会社全体として電力使用量の２％削減。 使い捨てプラスチック製品を２アイテム減らす。 工場敷地内の緑地の生物多様性を樹種ベースで２割向上する。 電子マニフェストに全面移行する。
<MEMO>

第5章

「取組み」をチェックする～目標管理のしくみ

解説

環境目標が社会の課題や企業の「本気の取組み」と無関係であると…

EMS構築組織の事務局担当者であれば、本章の「よくあるダイアローグ」に出てくるように「今年度は環境への取組みとして何をするべきか」に悩んだ経験が、必ずあると思います。運用年数の長い組織であれば、紙の削減、廃棄物の削減、ガソリン使用量の削減などについては、「取り組みつくした。もう有効な手立てがない」という状況があるかもしれません。しかし、果たして担当者がやることを思いつかない＝自社にとっての環境課題はすべて解決済み―と考えてよいものでしょうか？

また、担当者が「目標が未達成だと後で指摘されるから、前年度に達成されている数値目標と同じものにしよう」と判断してしまうこともよくあります。もちろん、あまりにも実現不可能な目標を立てることは有効性に問題があるものの、昨年度より今年度、今年度より来年度と、何らかの「削減」、「増加」といった傾斜のある取組みにチャレンジしなければ、環境への影響を継続的に改善しているとはいえないでしょう。

EMSを構築していない組織の場合でも、環境への取組みを進めている企業は沢山あります。何をテーマにするかについては、「できるだけ公表してアピール効果があるものを選びたい」、「SDGsの取組みと連動させたい」など、様々な思惑があると思います。しかし、アピール効果が先に立ちすぎると、具体性に欠けた曖昧な成果の主張になってしまい、いわゆる「グリーンウォッシュ」、「SDGsウォッシュ」と呼ばれる事態になりかねません。

「よくあるダイアローグ」では、担当者が迷った末に何となく設定した環境への取組みについて、社長が「私はもっと本気の取組みを期待していますよ！」と指摘しています。そのとおりですね。

環境への取組みは、会社の環境部門が本業とは別に行う「おまけの活動」なのでしょうか？　そうではありません。今や企業の環境への取組みは、投資家や取引先が注目し、評価され、その結果企業の価値を高めたり下げたりするものになっています。

その注目のされ方には二つの視点があります。一つ目は「事業活動が環境に与える影響に配慮しているか？」という視点です。これは例えば大気汚染や水質汚濁、廃棄物の排出など、環境負荷に関連するもので、従来からあるものといえます（とはいえ、事業活動が環境に与える影響は、重みが変わったり、新たな課題が注目されたりと刻々と変化していますので、そうした変化に対応しているかについても注目されます）。

注目のされ方のもう一つは、「気候変動や自然災害などの経営を脅かす環境リスクに対しての取組みが行われているか？」という視点です。こちらも企業価値を大きく左右するものとして忘れてはいけないところです。ダボス会議で知られる世界経済フォーラムでは、毎年「グローバルリスクレポート」を公表していますが、2022年に発表された長期的なリスクの上位は「気候変動への適応」となっています。世界中で認識されているこうしたリスクに未対応である企業は、投資や取引を行う相手としてハイリスクであると評価されてしまうのです。

環境目標として旧態依然としたテーマでの取組みをいつまでも続けるのか、新しい環境課題へ積極的に向き合っているかは、企業の評価を左右すると言っても過言ではないでしょう。企業は本気の取組みとその成果を厳しく要求されています。

では、「本気の取組み」にふさわしく、社会で認識される環境課題と連動し、具体性や信頼性のある環境への取組みをどのように見つけていけばよいのでしょうか？　チェックシートで確認していきましょう。

チェックシートのポイント

環境への取組みは、経営を取り巻く様々な状況を整理することで導き出すことができます。まずは経営レベルで、同時に各現場のオペレーションレベルで、整理していきましょう。

また会社に関わる外部関係者がどのようなことを自社に期待又は要求しているかについても、経営レベルの課題として把握しておく必要があります。

① 会社が抱えている課題

財務、人事、営業など、持続可能な経営の前には、様々な課題があります。それらは一見、環境の課題と結び付けて考えにくいものもありますが、例えば人材不足、後継者不足などは、前章で述べた特定の対応能力（例えば毒劇物の取扱いなど）が欠損するリスクにも結び付くことがあります。

自社の経営課題と環境との関係については、経営層や管理層は様々な情報を参考にしながらじっくり検討するとよいでしょう。これまで自社の環境リスクについて検討してこなかった企業の場合は、環境に関する最新動向を収集し、必要に応じて経営層の判断材料にすることも有効です。

② 解決していない（又はトラブルが起きそうな）環境への影響

①の中には、ダイレクトに環境と関連する課題もあります。例えば、環境設備の老朽化や製造量増加に伴う産廃の排出量の増加、エネルギー使用量の増加などです。

③ 事業活動に影響しそうな環境の変化と具体的な影響

近年の気候変動に伴う高温化や気象災害の甚大化により事業活動が影響を受けそうな場合、事業活動のどのような段階にどのような影響があるかを具体的に整理します。過去の事例や事業形態が類似している他企業で起きている事象なども参考になると思います。

④ 利害関係者がどのような期待や要求をしているか

環境への取組みを考える場合、その取組みが周囲に寄与するものであるかの検討も重要です。そのためには、自社に関わる人々がどのような期待や要求をしているか、あらかじめ整理しておく必要があります。親会社、取引先や顧客などビジネスに関わる立場に限らず、関係するあらゆる立場を対象にしておくことが重要です。国や地方自治体の策定する計画、法規制や地方条例の目的や責務などから、どのような領域でどのような取組みをすることが望まれているのかを押さえておくことも有効です（例えば、省エネルギーの推進、廃棄物の適正処理、フロン製品の適正な管理など）。

⑤ チャレンジすべき目標テーマの設定

①～④から、チャレンジすべき目標のテーマを設定します。何をどの程度、いつまでに、どのような方法で達成するか、誰が実施するのか、具体的にしておくとよいでしょう。

環境法ではどうなっているか――「削減目標」「削減計画の立案」は、「事業者に必ず実現してもらいたい環境パフォーマンスの向上」

環境法の中には、事業者に対して計画の策定・実施報告を義務付けているものがあります。水質汚濁防止法や大気汚染防止法のように、規制対象に厳格な規制値基準を設けてその遵守を求めるものと異なり、どの程度の削減にするかやその実施方法については、多くの場合、事業者に一定の裁量があります。

しかしその一方で、「判断の基準とする事項」として一定の枠組みが設けられ、それらに基づき企業に具体的な取組みを決定させ、取組みの報告を求め、取組みが不十分な場合の指導、勧告、公表、その他の担保措置がセットされているなど、環境パフォーマンスの向上を確実にすることを事業者へ求めるような構造になっているものもあります。

計画策定を要求している法令の例

① 省エネ法における「中長期的な計画」（法15条）、「工場等におけるエネルギーの使用の合理化に関する事業者の判断の基準」（平成21年経済産業省告示第66号）

特定事業者は、定期的にエネルギーの使用の合理化の目標の達成に向けた中長期の計画の作成、提出が義務付けられています。また、エネルギー使用の合理化目標は、「工場等におけるエネルギーの使用の合理化に関する事業者の判断の基準」により、すべての事業者に対して「エネルギー消費原単位で年平均１％以上削減」と示されています。特定事業者は、取組みの状況が同基準に対して著しく不十分である場合、主務大臣の指示に基づき合理化計画を作成しなければならず、計画内容が不十分である場合は変更や実施に関する指示・命令の対象となります（法17条）。

② 廃棄物処理法における「産業廃棄物の減量計画」（法12条９項、10項）

産業廃棄物の多量排出事業者（前年度の発生量1,000t以上）は、産業廃棄物の減量等に関する計画を作成し、当該年度の６月30日までに都道府県知事へ提出するとともに、減量計画に対する実施状況について、翌年度の６月30日までに知事に報告することが義務付けられています。計画及び報告の未提出又は虚偽の記載は20万円以下の過料の罰則があります（法33条）。

その他、地方条例では一定要件のもとで一般廃棄物を排出する事業者に対して削減計画の提出、報告を義務付けている自治体があります（「長野市廃棄物の処理及び清掃に関する条例」など）。

③ 食品リサイクル法における「食品廃棄物等多量発生事業者の定期報告」（法９条）、「食品循環資源の再生利用等の促進に関する食品関連事業者の判断の基準となるべき事項を定める省令」（平成13年財務省、厚生労働省、農林

水産省、経済産業省、国土交通省、環境省令第４号）における「再生利用のための実施目標」（２条）

食品廃棄物等の多量発生事業者（前年度発生量100t以上）は、食品廃棄物等の発生量及び食品循環資源の再生利用等の状況について毎年度６月末までに主務大臣に報告することが義務付けられています。義務としては「報告」となっていますが、報告項目は多岐にわたり、特に食品循環資源の再生利用等の実施率については「食品循環資源の再生利用等の促進に関する食品関連事業者の判断の基準となるべき事項」において再生利用のための実施目標が定められており（実施率が80％未満の場合は、前年実施率から１～２％向上）、実質的に目標の設定と達成のための計画を要求しています。判断の基準となるべき事項に対して実施状況が著しく不十分である場合には勧告対象となり、勧告に従わない場合は公表、命令などの措置が適用されます。

④ プラスチックに係る資源循環の促進等に関する法律における「プラスチック使用製品産業廃棄物等の排出事業者の判断の基準となるべき事項」（法44条）、「排出事業者のプラスチック使用製品産業廃棄物等の排出の抑制及び再資源化等の促進に関する判断の基準となるべき事項等を定める命令」（令和４年内閣府、デジタル庁、復興庁、総務省、法務省、外務省、財務省、文部科学省、厚生労働省、農林水産省、経済産業省、国土交通省、環境省、防衛省令第１号）における「多量排出事業者の目標の設定及び情報の公表等」（４条）

本法における多量排出事業者（前年度におけるプラスチック使用製品産業廃棄物等が250t以上の排出事業者）は、プラスチック使用製品産業廃棄物等の排出の抑制及び再資源化等に関する目標設定と達成のための取組みの計画づくりが求められています。これらをはじめとした取組みが不十分である場合は、勧告、公表、命令の対象となります。

ISO14001活用アイディア

〈この要求事項を活用〉

6.2　環境目標及びそれを達成するための計画策定

目標設定や計画作成義務、削減目標が定められている順守義務について、企業が取り組むべき環境改善事項として決定し、事業計画や環境目標に取り込み、計画的に取り組む。

ISO14001の「6.2　環境目標及びそれを達成するための計画策定」では、次のように定めています。

6.2　環境目標及びそれを達成するための計画策定

6.2.1　環境目標

組織は、組織の著しい環境側面及び関連する順守義務を考慮に入れ、かつ、リスク及び機会を考慮し、関連する機能及び階層において、環境目標を確立しなければならない。環境目標は、次の事項を満たさなければならない。

a）環境方針と整合している。

b）（実行可能な場合）測定可能である。

c）監視する。

d）伝達する。

e）必要に応じて、更新する。

組織は、環境目標に関する文書化した情報を維持しなければならない。

6.2.2　環境目標を達成するための取組みの計画策定

組織は、環境目標をどのように達成するかについて計画するとき、次の事項を決定しなければならない。

a）実施事項

b）必要な資源

c）責任者

d）達成期限

e）結果の評価方法。これには、測定可能な環境目標の達成に向けた進捗を監視するための指標を含む（9.1.1参照）。

組織は、環境目標を達成するための取組みを組織の事業プロセスにどのように統合するかについて、考慮しなければならない。

EMS運用組織では、環境目標や目標達成のための計画（実施計画などと呼ばれることが多いようです）を設定し、計画的に環境改善を行っています。

前項で示したような法令で定める目標設定義務や計画作成・提出義務への対応は、多くの場合、EMSで取り組む環境目標とは別のものとして扱われ、環境コンプライアンス担当部門により事務的に作成・提出されています。しかし、本来は事業者にこのような方向、目標に基いて事業を行ってもらいたいという意図を持ったものです。会社の経営目標やEMSの環境目標に組み込むことで、自社の取組みがより社会課題に対応したものになるでしょう。

なお、そもそも規格要求事項では、環境目標を決定する場合に関連する順守義務を考慮に入れることが求められています。EMS運用組織がこれらの法的要求事項を環境目標に連動させることは、必然的な流れともいえるでしょう。

「どのような環境への取組みを行い、どのような形でその成果を外部公表すれば企業価値が向上するだろうか？」と悩む企業経営者やサスティナビリティ推進担当者は、画期的な発想からのチャレンジを大切にするとともに、法令ですでに求められている目標への着実な取組みを忘れないことも必要です。以下に「環境目標一覧表」の例を示します。

図表：環境目標一覧表の例

目標テーマ	目標数値	関連部門	備考
エネルギー使用量の削減	○○CO_2-t 対前年度比２％削減	全社	省エネ法 中長期の計画

産業廃棄物の削減	金属くず　○t以下	営業部	廃棄物処理法 産業廃棄物の減量計画
	廃油　　　○t以下	工務部	
自動車排ガスの削減	ガソリン車保有台数の削減 ○台	総務部	自動車NOx・PM法 自動車使用管理計画

図表：多くの事業者に関連する環境法と要求事項の関係の例（目標管理）

法律名	規制内容の例（カッコ内は法律の条項）
地球温暖化対策推進法 （特定排出者の場合）	温室効果ガス算定排出量の報告（法26条）
省エネ法 （特定事業者の場合）	中長期的な計画の作成と提出（法15条）
廃棄物処理法 （産業廃棄物・特別管理産業廃棄物の排出事業者で、処理業者に処理を委託する場合）	多量排出事業者の減量計画の策定、実施状況の報告（法12条）
プラスチック資源循環法 （排出事業者の場合）	多量排出事業者の排出抑制及び再資源化等に関する目標設定と取組みの計画的実施（基準命令４）※

※基準命令＝「排出事業者のプラスチック使用製品産業廃棄物等の排出の抑制及び再資源化等の促進に関する判断の基準となるべき事項等を定める命令」（令和４年内閣府、デジタル庁、復興庁、総務省、法務省、外務省、財務省、文部科学省、厚生労働省、農林水産省、経済産業省、国土交通省、環境省、防衛省令第１号）

第6章

「情報」をチェックする

文書・記録管理のしくみ

よくあるダイアローグ

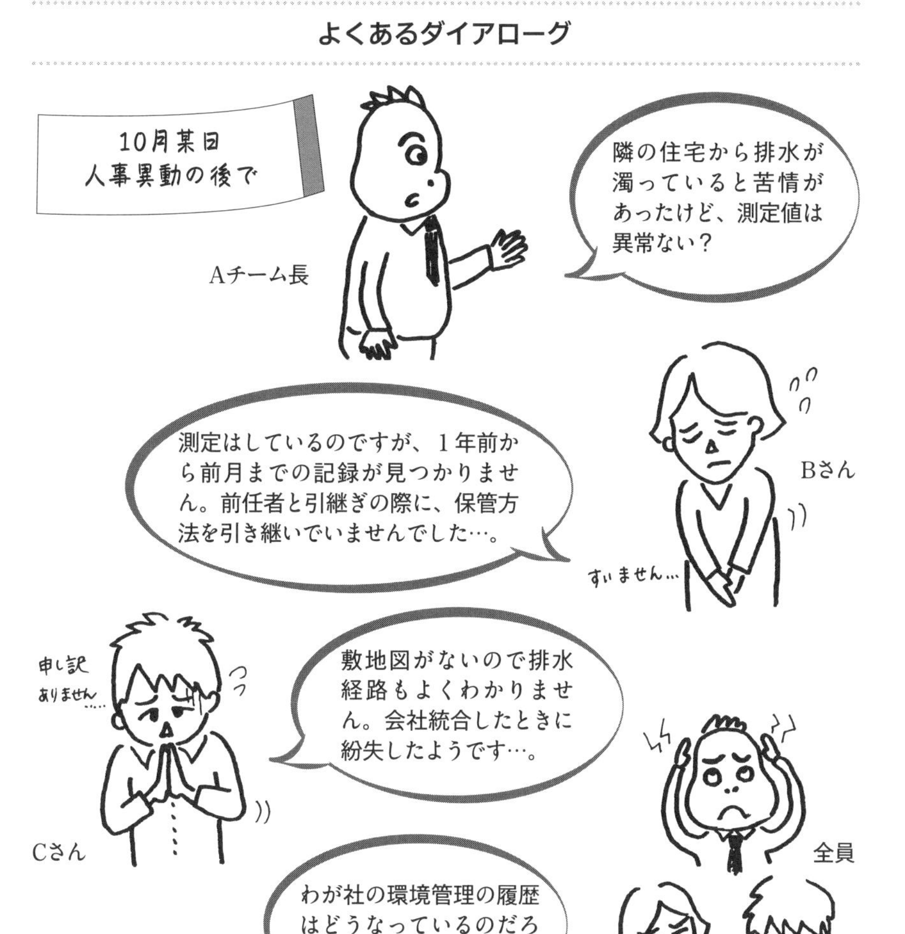

POINT！

誰が、いつ、何に対して、どのような対応をとってきたか。水質や大気など、規制値に対してどのような値で維持してきたか。環境管理の履歴は事業ノウハウの一部であり、困った時に役に立つ財産でもあります。

チェックシート

□第２章で整理した規制対象に関する情報は最新の状態で整理されていますか？
例：部署ごとに一覧化している。 会社全体で、設備や原材料などの区分ごとに一覧化している。 年１回見直しをしている。新たな設備投資等があった場合も見直しをしている。
□第３章で決定した環境管理の役割や責任は、関係するすべての人が参照できるようになっていますか？
例：会社の業務所掌の中に、環境管理上の役割を含めて記載している。 現場で顔写真入りの掲示をしている。 新入社員や異動社員に対してはその都度説明している。 年１回、掲載情報の見直しを行い、担当者交代を反映させている。
□第４章で整理した法令順守に必要な能力（資格等）について、社内の有資格者等はもれなく把握できていますか？
例：社内文書で一覧化している。 人材管理システムに含めて管理している。
□第５章で決定した環境への取組み（目標）は、取り組むメンバーにゴールや実施方法、スケジュールなどが伝わっていますか？　達成状況はタイムリーに情報共有できていますか？
例：その他のテーマとともにプロジェクトマネジメントされ、関係者は全員サーバー内のファイルにアクセスし、月ごとの状況を確認できる。 環境目標は研修時の資料に含まれ、データ又は紙媒体で確認する。進捗管理は月ごとの会議資料の中で報告される。
□第７章で確認した現場の運用ルールは過不足なく整備され、使う人が参照しやすい情報ツールで提供されていますか？　理解されやすい表現になっていますか？　内容は最新化されていますか？　過去のルールのままであるなど、現場に誤解や支障をきたす状況はありませんか？
例：現場管理に必要な事項は「手順書」にまとめられ、年１回見直しをしている。 エクセル又はワードファイルで作成され、サーバ内に保管し現場のタブレット端末で参照できる。 日本語のほか、現場で働く外国籍従業員が理解できるよう、外国語表記や絵文字表記、画像表示などをしている。 決められた運用ルールどおりに実施できているか確認するため、作業ごとにチェックリストがある。

□第８章で一元管理する行政への報告や届出等について、提出物の控えは後から追跡可能な状態で保管されていますか？　散逸や漏えいを防ぐための管理者は明確ですか？
例：法令ごと、種類ごとにファイルに綴り、法的対応を行う部署でそれぞれ保管している。 すべて電子文書化しサーバーに保管の上、その他の情報とともに情報管理者が管理している。 文書名、保存方法、保存期間、管理部署の一覧を作成している。
□第９章で確認した緊急事態（環境リスク）は、関連するすべての人が認識できるように情報共有されていますか？　発生した場合の手順は現場の運用ルールとして理解されやすい表現になっていますか？　必要な時に見やすいところで確認できるようになっていますか？
例：その他の運用ルールと同じように手順書がある。 緊急事態の発生源となる設備や保管場所に掲示をしている。
□第10章で整理した測定対象は、測定実施者だけでなく管理者が把握できるようになっていますか？　測定結果は、誰がいつ行ったかも含め、正確に記録され、記録は後から参照しやすいように保管されていますか？
例：すべてサーバー上の所定のファイルに入力するシステムになっている。 測定や点検結果は紙のシートに記載し、年度ごとにファイルに綴り、保管している。
<MEMO>

第6章

「情報」をチェックする
～文書・記録管理のしくみ

解説

必要な情報がないと…

本章の「よくあるダイアローグ」は、苦情対応というちょっと困った場面で始まります。近隣住民から水の濁りを指摘されたようです。濁りの発生源が自社であるかどうかを確認するために水質測定データを確認しようとしたところ、肝心の測定データが見当たらないという事態になっています。前任者は仕事を引き継ぐ時に、過去の測定記録の保管場所を引き継いでいなかったのでしょう。さらに、排水経路に関する図面も見つからないようです。

事業活動は継続して行われるものです。そのためにも様々な記録は事業活動の主要な要素を連続的に残すものであり、過去の状況から将来の経営方針を立てるための材料として欠かすことができないものです。

このことは環境管理についても同様です。例えば規制対象となる設備や原材料に関する情報、マニュアルや手順書類がきちんと整備されていないと、管理担当者が交代した場合に引継ぎが上手くいかず、同じような管理を維持できなくなるリスクがあります。水質や大気などに関する測定記録や設備の点検・検査記録などが残されていない場合には、基準値を維持しているかどうか、措置を実施したかどうかを過去からさかのぼって証明する手がかりがなくなってしまいます。

また、設備の入れ換え、新しい機器の選定、工場建屋の増設、廃止、移転などを計画したり、気象災害やアクシデントなどの緊急事態に遭遇した場合、過去の記録があると、どのように対応すればよいか参考にすることができます。環境記録は会社の情報資産の一つなのです。

では、どのようなことを記録に残しておくのがよいのでしょうか？チェックシートを見ていきましょう。

チェックシートのポイント

本章のチェックシートでは、環境情報として管理すべき項目をあげています。その情報の内容ごとに、なぜ管理しておく必要があるのか、どのように活用されるのがよいのか、その理由や方法が異なります。ただ単に「データをとっておく」のではなく、有効な方法で作成・保管・活用することが重要です。

① 規制対象に関する情報

自社において法規制が適用されるものの洗い出しについては、第２章で整理しました。当然ですが、この情報はまず実際にその法令に対応する現場担当者が知っておく必要があります。例えばフロン排出抑制法であれば、規制対象である第１種特定製品の台数、種類、冷媒の種類などが把握されていないと、必要な点検が行われなかったり、不適切な廃棄につながったりしてしまいます。次に知っておく必要があるのは管理層です。管理層は全体として自社にどのぐらいの法律が適用されているのか、注意が必要なのはどのあたりかを経営の視点から押さえ、的確な指示を出せるようにすることがねらいです。

規制対象に関するこうした情報は、会社の活動実態に応じて作成単位（全社、又は部署ごとなど）や詳しさを工夫し、管理のために有効なレベルにしておくとよいでしょう。また、定期的に内容を確認し、常に最新化しておくことも大切です。日々めまぐるしく変化が起きる今日、情報はすぐに劣化していきます。事業活動に変化があるときには必ず規制対象にも変化があるというつもりで、新たに規制対象となるものがないか、規制対象から外れるものはないかを確認しましょう。また、法規制も変化していきます。改正により新たに規制対象になるものがあれば、その都度追加していきましょう。

この後に続く「チェックシートのポイント」の各項目にも同じことがいえますが、最も大切なことは、こうした変更の情報を「担当者の頭の中」だけに留めておかないということです。規制対象に関する情報は、特にその傾向があるように思われます。筆者は企業の環境管理担当者へ環境管理の実態（エネルギーや廃棄物、排水など）を尋ねる機会がよくありますが、規制対象やその運用などに対する質問に対し、ベテランの方が「スラスラ即答」されることがしばしばあります。その方が責任感をもって持ち場を担当されていることに敬意を表しつつ、時にその情報が社内で共有されず「自分限り」になってしまっている場合には、どうしてももったいなさを感じてしまいます。管理者は、環境に関する情報は企業の資産であり、個人の習熟度を示す指標ではないことを心得て、必要な人が情報を共有できるようにしておく必要があります。

② 管理体制に関する情報

第３章では、役割・責任・権限などの管理体制をチェックしました。この情報は、関係するすべての人に伝える必要があります。例えば、会社全体の管理責任者が誰であるかは全社員が、特定の部や課、チームの責任者が誰であるかは、そこに所属する人が知っておく必要があります。一年で一定数の人が変わるような出入りの多い部署の場合は、顔写真などの入った情報にしておくのもよいでしょう。また現場単位では、その人が環境管理においてどのようなことを担当しているか（産廃保管場所の担当、契約の担当、電子マニフェスト入力など）も具体的にわかるようにしておきましょう。

第３章でも述べましたが、このように管理の役割を「見える化」することにより、責任者が曖昧になっていた部分や、限られた担当者への役割の偏りなど、改善すべき点も把握されやすくなります。

③ 社内の有資格者等の情報

第４章で確認した対応能力に関する情報は、法律で保有することが義務付けられている公的資格のほか、社内に独自の資格制度がある場合はそれらもあわせて、有資格者等の情報として整理しておくとよいでしょう。管理者は環境管理の対応能力が十分か、現在及び今後の見通しを確認できます。また現場担当者は自分の力量の状態を把握することができます。

④ 環境への取組みに関する情報

第5章で確認した環境への取組みに関する情報は、取組みの成否に関わる重要なものです。そのプロジェクトでは何を目指すのか、誰が参加するのか、どのようなスケジュールで行われるのかなどが具体的に参加者に伝わらなければ、誰も行動を起こすことができないか、あるいは目標の達成にあまり貢献しない行動をとってしまうかになりがちです。また、目標達成に向けた進捗状況は、プロジェクトの参加者が取組状況を分析し、軌道修正したり加速させたりするために必要な情報です。

⑤ 現場の運用ルール

第7章では、「『現場』をチェックする」というタイトルに基づき、運用管理のしくみをチェックします。その詳細は7章にゆずりますが、環境管理が必要となる「現場」には、例えば製造現場では薬品類の管理や危険物、産業廃棄物の取扱い、商社の現場では商材の取扱いやサンプル品の廃棄時の取扱い、営業系の現場では車両の運転など様々なものがあります。共通するのは「誰もが同じ方法でやるべきことをやり、やってはいけないことをしないようにする」ということです。その運用基準は、直営で行われる場合のほか、自社のために外部委託業者が現場に立つ場合においても同様です。このように仕事のやり方を示す文書は、例えば事務規程、手順書、あるいは電子システムなど、どこの企業でもなにがしかのものがあると思います。そうした既存の業務手順書の中に環境管理の要素を埋め込んでいくことは有効です。むやみにマニュアルや手順書を増やさないだけでなく、本業のための仕事と環境管理のための仕事を統合して管理することができます。また文章ではなく画像や動画、音声などにアレンジすることが有効な場合もあります。大切なことは過不足なく整備され、使う人にとって参照、理解されやすいツールで表現されているということです。

⑥ 行政との対応履歴

第8章では、許可や届出などの行政対応について確認していきます。こうしたやりとりの履歴は、コンプライアンスの証拠となるものですから、必ず追跡可能な状態となるよう記録し、保存しておいてください。環境管理の担当者が交代しても、当然ながら会社の事業は継続していきますので、外部に対して連続性をもって説明可能な状態にしておく必要があります。

⑦ 緊急事態対応に関する情報

緊急事態対応に関する情報として、多くの企業で火災や地震発生時の避難経路などが整備され、見えやすいように職場に掲示されていると思います。第9章では緊急時に誰とどのようなコミュニケーションを行うかについて述べていますが、必要な人に、必要な場所で、わかりやすく、有効な方法が示されることが重要です。

化学物質の性状や取扱いについて示す文書であるSDS（安全データシート）には、その有害性情報とともに火災時や漏出時の措置が記載されています。毒物劇物取締法や労働安全衛生法、化管法に基づき必要なものですが、実際に化学物質を使用する現場には備え付けられておらず、事務所などに一括保管されているケースが時々みられます。必要な場所（現場）に備え付けられていなければ、緊急事態の発生時に現場ですぐに必要な対応ができないリスクがあります。

また、緊急事態における対応情報については、定期的に有効かどうかをチェックしておく必要があります。筆者がかつて訪問した会社で、テストとして掲示板に記載されていた緊急連絡先（消防署）に電話したところ、現在使われていないというメッセージが流れてきました。本当の緊急時でなかったのが幸いでした。

⑧ 測定その他のモニタリング結果に関する情報

測定は、環境管理の状態を客観的に示すものです。ほとんどの場合、「測っておしまい」ということはなく、測定する以上何らかの記録を残していると思いますが、こうしたモニタリング結果に関する情報の場合、特に厳しく留意しなければいけないことがあります。それは「正確に記録する」、「後から書き換えない」ということです。記録文書の改ざんは、記録の保存義務がある法律のほとんどで厳しい罰則が適用されます。

また、モニタリング結果は、会社の管理の状態を示す意味でも重要なものです。「測っておしまい」、「記録しておしまい」ではなく、管理者が必要に応じて参照し、状態を把握し、管理の状態が良くない場合は対応を指示できるようにしておく必要があります。また外部、特に行政から環境状態の開示を求められた場合に、過去のものも含めて提示できるようにしておくとよいでしょう。規制値を守り適切に管理してきた場合には、測定記録はその裏付けとして、企業の遵法性を主張するための証拠となるのです。

環境法ではどうなっているか――記録は「遵守義務対応の証拠として作成し、必要な期間残してもらいたい文書」

環境法では、第７章で述べる運用管理や第10章で述べる測定に関連した記録を義務付けているものが多くあります。ほとんどの場合、記録を義務付ける場合は３年や５年などの保存期間が定められています。

記録の保存を要求している法令の例

① 大気汚染防止法―測定記録等

ばい煙発生施設からのばい煙量又はばい煙濃度の測定結果、揮発性有機化合物（VOC）排出施設に係るVOC濃度の測定結果は、いずれも記録を残し、３年間保存する義務があります（法16条、17条の12、施行規則15条、15条の３）。

また、特定粉じん（石綿）の規制に関連して、解体等工事の元請業者は、工事実施前に石綿含有調査を行い、その結果を記録し、発注者に交付した記録（書面）の写しを工事終了後３年間保存する義務があります（法18条の15、施行規則16条の８）。

② 水質汚濁防止法―測定記録等

特定事業場からの排出水等の測定結果、有害物質使用特定施設、有害物質貯蔵指定施設の点検結果については、いずれも記録を残し、３年間保存する義務があります（法14条、施行規則９条の２の３）。

③ 下水道法―測定記録

特定施設の設置者が行う水質測定については、結果を記録し、５年間保存する義務があります（法12条の12、施行規則15条）。

④ 廃棄物処理法―産業廃棄物の処理委託契約、マニフェスト（紙）

産業廃棄物の収集、運搬、処分を委託する際の委託契約（書面）は、契約終了日から５年間保存する義務があります（法12条、施行令６条の２、施行規則８条の４の３）。

産業廃棄物の排出事業者は、紙のマニフェストを交付した場合、交付したマニフェストの写し（A票）、返送されたB２票、D票、E票を５年間保存する義務があります（法12条の３、施行規則８条の21の２、８条の26）。

⑤ フロン排出抑制法―点検記録

第１種特定製品の管理者が行う点検の結果を記録し、廃棄等によりフロン類を引渡した日から３年間保存する義務があります（法16条、第１種特定製品の管理者の判断の基準となるべき事項（告示）４）。

また第１種特定製品の廃棄時に、第１種フロン類充填回収業者から交付される（又は第１種フロン類引取受託者から送付される）引取証明書は、交付又は送付から３年間保存する義務があります（法45条、施行規則48条）。

ISO14001活用アイディア

〈この要求事項を活用〉

7.5 文書化した情報

届出など提出文書の控え、測定記録などは、重要な社内文書として位置付け、保管期限などの付属情報とともに一元管理する。社内で文書管理システムが整備されている場合は、そこへ委ねる。事業所ごとに管理するものと、事業者として管理するものを整理しておく。

ISO14001の「7.5 文書化した情報」では、次のように定めています。

7.5 文書化した情報

7.5.1 一般

組織の環境マネジメントシステムは、次の事項を含まなければならない。

a）この規格が要求する文書化した情報

b）環境マネジメントシステムの有効性のために必要であると組織が決定した、文書化した情報

注記 環境マネジメントシステムのための文書化した情報の程度は、次のような理由によって、それぞれの組織で異なる場合がある。

－組織の規模、並びに活動、プロセス、製品及びサービスの種類

－順守義務を満たしていることを実証する必要性

－プロセス及びその相互作用の複雑さ

－組織の管理下で働く人々の力量

7.5.2 作成及び更新

文書化した情報を作成及び更新する際、組織は、次の事項を確実にしなければならない。

a）適切な識別及び記述（例えば、タイトル、日付、作成者、参照番号）

b）適切な形式（例えば、言語、ソフトウェアの版、図表）及び媒体（例えば、紙、電子媒体）

c）適切性及び妥当性に関する、適切なレビュー及び承認

7.5.3　文書化した情報の管理

環境マネジメントシステム及びこの規格で要求されている文書化した情報は、次の事項を確実にするために、管理しなければならない。

a）文書化した情報が、必要なときに、必要なところで、入手可能かつ利用に適した状態である。

b）文書化した情報が十分に保護されている（例えば、機密性の喪失、不適切な使用及び完全性の喪失からの保護）。文書化した情報の管理に当たって、組織は、該当する場合には、必ず、次の行動に取り組まなければならない。

－配付、アクセス、検索及び利用

－読みやすさが保たれることを含む、保管及び保存

－変更の管理（例えば、版の管理）

－保持及び廃棄

環境マネジメントシステムの計画及び運用のために組織が必要と決定した外部からの文書化した情報は、必要に応じて識別し、管理しなければならない。

注記　アクセスとは、文書化した情報の閲覧だけの許可に関する決定、又は文書化した情報の閲覧及び変更の許可及び権限に関する決定を意味し得る。

情報管理は会社の重要な管理項目の一つであり、情報セキュリティマネジメントシステムとして管理のしくみが定められている場合もあります。どのような情報（記録や文書）をどの程度管理していくかは企業により様々ですが、規格では情報管理を行う理由の一つとして「順守義務を満たしていることを実証する必要性」をあげています。

環境法で記録の作成や保管が義務付けられているものは、例えば測定記録や点検記録がそうですが、法令を遵守していることを示す重要な証拠となるものです。また、行政へ提出した各種の計画・報告や届出などは、法令で保存義務はなくても法令対応の証拠として重要であり、控えを保存しておくべきでしょう。これらの文書や記録の保管は担当者に任せておくのではなく、会社としてしくみをつくり、組織的に管理することもポイントです。複数の事業所をもつ企業の場合は、事業者として本社が保管管理するものと、事業所ごとに保管・管理するものをあらかじめ整理しておくと混乱がありません。

以下の図表のように一覧化しておくと、管理・運用がしやすいと思われます。

図表：文書記録一覧表の例（製造部管理分）

No.	文書・記録名	保管期間	担当部門	備考
1－1	特定工場新設（変更）届出書（控）	期限なし	製造管理課	工場立地法
1－2	特定施設設置届出書（控）	期限なし	製造管理課	水質汚濁防止法
2－1	水質測定記録	３年間	工務課	水質汚濁防止法 県条例
3－1	ばい煙測定記録	３年間	工務課	大気汚染防止法 県条例

図表：多くの事業者に関連する環境法と要求事項の関係の例（文書・記録管理）

法律名	規制内容の例（カッコ内は法律の条項）
省エネ法 （特定事業者の場合）	文書管理による状況把握※1
フロン排出抑制法 （第1種特定製品の管理者、廃棄等実施者の場合）	第1種特定製品の点検及び整備に係る記録のフロン類の引渡し後3年間保存（告示4）※2 （廃棄時）確認証明書の3年間保存（法41条） （廃棄時）回収依頼書又は委託確認書の写し、引取証明書の3年間保存（法43条、45条）
大気汚染防止法 （ばい煙発生施設の場合）	ばい煙量等の測定記録の3年間保存（法16条）
水質汚濁防止法 （特定事業場（特定施設を設置する事業場）、有害物質使用特定施設、有害物質貯蔵指定施設の場合）	排出水、特定地下浸透水の測定記録の3年間保存（法14条） 有害物質使用特定施設、有害物質貯蔵指定施設の点検記録の3年間保存（法14条）
下水道法 （公共下水道を利用する事業者の場合）	水質の測定記録の5年間保存（法12条の12）
浄化槽法 （浄化槽を設置する事業者の場合）	保守点検記録の3年間保存（法8～10条）
毒物劇物取締法 （毒物劇物営業者の場合）	販売又は授与時の記録を5年間保存（法14条）

※1　文書管理による状況把握＝「工場等におけるエネルギーの使用の合理化に関する事業者の判断の基準」（平成21年経済産業省告示第66号）に規定。

※2　告示＝「第1種特定製品の管理者の判断の基準となるべき事項」（平成26年経済産業省、環境省告示第13号）

第７章

「現場」をチェックする

運用管理のしくみ

よくあるダイアローグ

POINT！

自社に適用される法規制がきれいに整理されていたとしても、現場で「それをどうやってやるか」の共通ルールがなかったり、間違った方法のままだと、コンプライアンスは実現しません。

チェックシート

□第２章で決定した規制対象について、どこの現場でどのように対応するか把握していますか？
例：品質管理で使用する試薬（毒物や劇物）について、毒物劇物取締法に基づき、担当部署のリーダーは職場にある鍵のかかった保管庫で保管し、容器等には「毒物」「劇物」の表示をすることになっている。
□関係者が誰でも同じように対応できるように、ルールは明確になっていますか？
例：業務ごとに作成している手順書に、法令対応項目が含まれている。 画像つきの手順フローを作成し、作業現場に掲示している。 保管場所には保管物の種類、保管数量を明示している。 スタッフの中には外国籍の人もいるため、手順を多言語で表記している。 行政報告の提出期限について、会社の年間スケジュールに組み込んでいる。
□遵守義務への対応を外部委託している場合、依頼や報告徴収、指導を行っていますか？
例：発注書、仕様書の中に、具体的な依頼事項を記載している。 入場前教育を行っている。 毎日ミーティングを行い、実施状況を確認し、必要な指示をしている。 業務完了時に文書で報告を受けている。
□対応に抜けや漏れがないように、工夫をしていますか？
例：作業ごとのチェックリストがあり、複数人でチェックをしている。 法定基準値を超過すると、自動的にアラームが作動するようになっている。 期日が近くなるとPC上でリマインド通知がくるようにしてある。 複数名で確認している。

□第２章で決定した規制対象について該当がある場合、調達段階や設計・開発段階での管理がされていますか？

例：非化石エネルギーに転換した。
産廃となるプラスチックを減らすために、容器を設計変更した。
設計案は、デザインレビューで環境評価を行っている。

□人や製品が変わった場合やそのルールでは上手くいかない場合、ルールの修正・見直しを行っていますか？

例：定期的に有効性のチェックをしている。
担当者やチームメンバーから改善提案を行っている。

<MEMO>

第7章

「現場」をチェックする
～運用管理のしくみ

解説

現場での運用基準がないと…

本章の「よくあるダイアローグ」の場面は、ミスやトラブルが多発している現場での会議です。なぜトラブルが多発するのか、手順に誤りがないのか、リーダーが現場担当者に確認したところ、Bさんは前任者から引き継いだ方法を、あまり疑問をもたずにそのまま踏襲していました。またCさんの現場では、人によって実施方法が異なり、統一ルールを決めていませんでした。

人の経験や知識、勘は時に素晴らしい能力を発揮しますが、環境管理で大切なことは、そのような「人の経験」のみに頼るのではなく、「担当者が誰であっても同じ結果となるしくみ」です。これがないと、ダイアローグのように何度も同じ誤りやトラブルを繰り返すことになってしまいます。

では、運用管理に必要なしくみづくりのためには、何をどうしたらよいのでしょうか。

当たり前のことですが、経営層が環境コンプライアンスを指示し、法令担当者によって適用される法令や遵守義務が法規制一覧表などに整理されていても、それだけでは法令遵守は実現しません。それぞれの企業の「現場」はいわば舞台で、現場担当者は役者です。コンプライアンスが維持されているというハッピーエンドを迎えるためには、その舞台に最も適した手順（シナリオ）が必要です。シナリオが用意されていないと、「しなければいけないことが行われず、してはいけないことが行われる」というエラーが起き、法令違反というバッドエンドを迎えてしまいます。法令違反の原因としてあげられるしくみの弱点やほころびには様々なものがありますが、この「シナリオの最適化」に問題がある場合が少なくありません。

チェックシートのポイント

運用管理についてのチェックシートのポイントは、①業務又はその遵守義務対応の単位（プロセス）ごとに「いつ、誰が、何を、どのように」行うのかが明確にされていること、②外部委託先が法的義務に関わる場合は委託管理が行われること、③その方法で上手くいかない場合は修正対応が行われること、④実態に変更がある場合はその都度見直されること―です。環境管理の全体が大きなPDCAサイクルだとすると、現場ごとの運用管理は、いわば大きなPDCAの「D」に含まれる、小さなPDCAであるといえるでしょう。

①「いつ、誰が、何を、どのように」行うのかの明確化

第４章で述べたとおり、法規制に基づく現場対応は多岐にわたります。例えば特定施設やばい煙発生施設がある現場の場合は測定項目（指標）について規制基準を超えないように設備の運転を管理しなければなりません。また、省エネ法に基づくエネルギー使用状況の定期報告のように提出期限が決められている義務への対応は、報告書提出までのスケジュール管理も求められてきます。その他現場対応には、表示や掲示、場所の状態（飛散・流出防止）の維持などがあります。それぞれの法的要求に対して、いつ、誰が、何を、どのように（どの程度）行うのか、曖昧さを残さず明確にしておく必要があります。

次に、こうした手順を関係者がわかるような方法で「見える化」しておくことが重要です。その方法は、紙文書、電子化された文書、掲示物など、自社の現場や活動にあわせて、最も有効であるものがよいと思います。筆者がこれまで訪れた現場では、分厚い紙文書、デジタルサイネージ、タブレット、音声、壁一面への掲示など、実に様々な「見える化」のパターンがありました。

②業務委託先の管理

ボイラーや浄化槽、燃料の貯蔵など、特定の設備の点検や修理を専門業者などに外部委託している場合があります。そうした場合、法の適用を受けるのは

あくまでも自社ですから、業者に任せきりではなく、あらかじめ委託内容を明確にし、随時業者から報告を求め、状況によっては改善要請を行うなど、主体的に委託先を管理する必要があります。

具体的な委託先管理の方法としては、業務委託契約書や特記仕様書へ、依頼する法的義務の対応を明記したり、作業報告書に法対応結果を含めることなどがあげられます。企業が自社の法的義務を外部委託している代表的なものとして産業廃棄物の処理委託があります。廃棄物処理法では委託基準が定められ、業許可のある業者に委託すること、文書で契約すること、委託契約書には委託する産廃の種類、量、最終処分地など、依頼内容を細かく記述するようになっています。

③ 手順どおりに行われているかの確認

測定日の記載漏れ、点検未実施、文書の記載の誤り・記載漏れ、バルブの閉め忘れなど、作業や手続には、ヒューマンエラーが付きものです。間違った手順で行っていないか、作業に抜け漏れはないか、１つ１つの作業が完了するたびに確認しておくと、法令違反を未然に防ぐことができます。そのためには手順の最後に、対応実施後の「見落としチェック」を含めておくとよいでしょう。

④ 手順の修正・変更

ある手順で上手くいかない場合は、そのまま放置しておくと間違った対応が続き、違反や事故に結びついてしまいます。上手くいかないと判断された時点で速やかに修正対応しておくと、法令違反を未然に防ぐことにつながるでしょう。また、取り扱うものや量、担当体制などに変更があった場合は、手順の変更が必要か確認しておくとよいでしょう。

内部の変更のほか、環境の変化を認めた場合も同様です。気候変動の影響はすでに顕在化し、降水量や気温の急激な変化やそれに伴う気象災害などは、今後さらに深刻化するおそれがあると言われています。事業活動においてもこうした気候変動に適応し、これまでの仕事のしかたを変えていく必要があるかもしれません。平成30年６月には「気候変動適応法」が策定され、国が農業や防災などの各分野における気候変動への適応を推進するための「気候変動適応計画」を策定し、進展状況を把握・評価することになっています。

過剰に対応する必要はありませんが、事業所が立地する地域においてこれまでになくゲリラ豪雨の回数が増えている、台風の影響が大きくなっている、近くの河川の増水があった、というようなことがあれば、排水の状況や設備配管の破損等が起きないためにこれまでの管理方法を変える必要があるか等、確認しておくとよいでしょう。

環境法ではどうなっているか――「基準の遵守義務」「措置義務」は、「維持してほしいレベル」「実行してもらいたいこと」

環境法には、基準値の遵守や点検の義務があります。また保管や掲示、帳簿の備え付けといった、事業者に対応を求める措置義務もあります。法令ごとに求める内容は異なりますが、いずれも法の目的を実現するために、事業者にとってもらいたい措置です。

こうした判断基準や措置は、法律内に規定されるほか、政省令や告示で示されることもあります（例として、フロン排出抑制法では、「第１種特定製品の管理者の判断の基準となるべき事項」（平成26年経済産業・環境省告示第13号）をあげることができます。第１種特定製品の点検は、この基準の中に規定されています)。

これらの措置への担保措置として、実施しなければ直ちに罰則が適用されるパターンのほか（直罰)、判断基準に対して取組みが著しく不十分な場合に勧告・公表・命令が適用されるパターンがあります（間接罰)。例えば、前出のフロン排出抑制法の第41条では、第１種特定製品を廃棄する場合は、第１種フロン類充填回収業者にフロン類を引き渡さなければなりません。これを実行せず、フロン類を回収しないまま機器を廃棄した場合は、50万円以下の罰金の適用対象となります。

一方、プラスチック資源循環などの新たな環境課題に対して、これまでなかった判断や行動を企業へ要求する法令では、厳しい罰則で強制するのではなく、判断基準を設け、ある程度事業者の実態・裁量に委ねながら法目的に沿った行動を促す方法を採用していることがあります。ただし、多くの場合、環境負荷の大きな事業者には、判断基準に対して著しく問題があると勧告・公表・命令・罰則の対象になる、という措置がセットになっています。

環境法ではどうなっているか――運用管理を要求している法令の例

① 省エネ法における「工場等におけるエネルギーの使用の合理化に関する事業者の判断の基準」（法５条、平成21年経済産業省告示第66号）

省エネ法の工場等への判断基準では、エネルギーの使用の合理化に向けた事業者の取組みとして、取組方針の策定、管理体制の整備、責任者等の配置、資金・人材の確保、従業員への周知・教育、取組方針の遵守状況の確認、取組方針の精査等、文書管理による状況把握など、幅広い内容を定めています。実質的にはPDCAによる継続的改善を構築し、維持することが求められています。

そのほか、設備ごとのエネルギーの効率的利用等の技術的基準を細かく定めています。取組みの状況が同基準に対して著しく不十分である場合、指示に基づき合理化計画を作成しなければならず、計画内容が不十分である場合は変更や実施に関する指示・命令の対象となります（法17条）。

※第５章の記述も参照のこと。

② フロン排出抑制法における「第１種特定製品の管理者の判断の基準となるべき事項」（法16条、平成26年経済産業・環境省告示第13号）

フロン排出抑制法の主な規制対象となる第１種特定製品に必要な運用管理として、設置方法、設置環境の維持、機器のメンテナンス、点検、点検や整備の記録、売却についての運用基準を設けています。多くの事業者が行っている第１種特定製品の簡易点検や定期点検の根拠はこの判断基準に記載されています。都道府県知事は、本判断基準に基づき第１種特定製品の管理者となる事業者へ指導や助言が可能であり（法17条)、また本判断基準に対して取組みが著しく不十分な事業者に対しては勧告や命令などの担保措置があります（法18条)。

③ 浄化槽法における「検査、保守点検、清掃」

浄化槽設置者は、設置した浄化槽について、使用開始後３カ月を経過した日から５カ月以内に指定検査機関による水質検査（７条検査)、及び指定検査機関による年１回の定期検査（11条検査）を行わなければなりません。

浄化槽の種類ごとに定められた頻度で保守点検や清掃を行う義務があります（法７条～10条、11条)。

④ 大気汚染防止法における「特定工事における作業基準」

石綿が使用されている建築物等の解体工事を行う場合の作業基準として、作業計画の作成、定められた事項を表示した掲示板の設置、作業実施状況の記録の作成、作業完了後の目視確認、前室の設置、集じん・排気装置の使用その他の運用基準を設けています。工事の元請業者等は、作業基準の遵守が義務付けられています（法18条の14、18条の20、18条の21、施行規則16条の４)。

⑤ 水質汚濁防止法における「排水基準の遵守義務」「構造基準等の遵守義務」

特定施設を設置する事業場からの排出水について、排水基準に適合しない排水が禁止されています（指定地域内事業場の場合は総量規制基準遵守の義務があります)。違反した場合、罰則が適用されます（法３条、12条、12条の２、31条)。

有害物質使用特定施設、有害物質貯蔵指定施設に対して、床面の材料、防液堤や側溝の設置、配管等の強度、配管等の腐食防止措置、地下埋設の場合のトレンチ構造、地下貯蔵施設の構造、その他について定めた構造基準に適合する必要があります。これらの構造基準の遵守に違反した場合、改善命令、使用の一時停止命令が適用されます（法12条の４、13条の２、施行規則８条の２～８

条の７）。

⑥ 廃棄物処理法における産業廃棄物の「保管基準」「処理委託基準」

産業廃棄物が運搬されるまでの間、周囲に囲いを設ける、掲示板を設置するなどの保管基準を遵守する必要があります（法12条、施行規則８条）。また、産業廃棄物の収集、運搬、処分を委託する場合、規定事項を記載した委託契約を書面で行うなどの処理委託基準を遵守する義務があります（法12条、施行令６条の２、施行規則８条の４～８条の４の４）。

ISO14001活用アイディア

〈この要求事項を活用〉

8.1　運用の計画及び管理

法令対応について、現場の実態（人員、場所、時間、作業環境など）に応じた実施方法（いつ、誰が、どこで、どのように、どの程度、何を行うか）について決めておく。

対応漏れや間違った対応をしないように、必要に応じてガイドラインやチェックリストを整備しておく。

担当者、設備の種類、実施場所、業務委託先などの変更や法改正があった場合は、その都度実施方法を見直し、必要に応じて修正する。

ISO14001の「8.1　運用の計画及び管理」では、次のように定めています。

8.1　運用の計画及び管理

組織は、次に示す事項の実施によって、環境マネジメントシステム要求事項を満たすため、並びに6.1及び6.2で特定した取組みを実施するために必要なプロセスを確立し、実施し、管理し、かつ、維持しなければならない。

－プロセスに関する運用基準の設定
－その運用基準に従った、プロセスの管理の実施

注記　管理は、工学的な管理及び手順を含み得る。管理は、優先順位（例えば、除去、代替、管理的な対策）に従って実施されることもあり、また、個別に又は組み合わせて用いられることもある。

組織は、計画した変更を管理し、意図しない変更によって生じた結果をレビューし、必要に応じて、有害な影響を緩和する処置をとらなければならない。

組織は、外部委託したプロセスが管理されている又は影響を及ぼされていることを確実にしなければならない。これらのプロセスに適用される、管理する又は影響を及ぼす方式及び程度は、環境マネジメントシステムの中で定めなければならない。

ライフサイクルの視点に従って、組織は、次の事項を行わなければならない。

a）必要に応じて、ライフサイクルの各段階を考慮して、製品又はサービスの設計及び開発プロセスにおいて、環境上の要求事項が取り組まれていることを確実にするために、管理を確立する。

b）必要に応じて、製品及びサービスの調達に関する環境上の要求事項を決定する。

c）請負者を含む外部提供者に対して、関連する環境上の要求事項を伝達する。

d）製品及びサービスの輸送又は配送（提供）、使用、使用後の処理及び最終処分に伴う潜在的な著しい環境影響に関する情報を提供する必要性について考慮する。

組織は、プロセスが計画どおりに実施されたという確信をもつために必要な程度の、文書化した情報を維持しなければならない。

EMS運用組織では、運用基準や実施方法（プロセス）を決めて管理を行っています。必要に応じてフロー図や以下の図表にあるような手順書が作成されることもあります。

こうした手法を活用して、遵守義務を実行するための自社にあった具体的な方法を決めておくとよいでしょう。

図表：産業廃棄物管理手順書の例（保管、処理委託、マニフェスト管理）

No.	実施項目	実施時期	担当	基準・注意点
1	産業廃棄物保管場所の維持（工場北側、南側、製造等内の3カ所）	毎週水曜朝	製造課 A係長	「産廃保管状況チェックリスト」で目視確認する 敷地外への飛散や流出が発見された場合、製造課長へ報告し対応する
2	産業廃棄物の処理委託契約の維持 （産廃4社、特別管理産業廃棄物2社）	新規は都度実施 継続は年1回	管理課 B課長	「許可証の有効期限一覧」で、許可証の有効期限を確認し、3カ月前に送付依頼を出す 新規契約時は「契約前確認事項」で委託可否を判断 ○○社（廃油の収集運搬を委託、2020年に解散により契約終了）との契約書は2025年まで保管
3	マニフェスト運用（紙）	収集 廃プラ：水曜日 金属くず：月2回 汚泥：都度	総務課 C担当	・交付時 記入事項の抜け漏れや引き渡す産廃と記載内容の照合を確認 ・マニフェスト返送日の確認 B2票/D票90日以内（特管物は60日） E票180日以内 ・最終処分地について処理委託契約書と照合 …

図表：多くの事業者に関連する環境法と要求事項の関係の例（運用管理）

法律名	規制内容の例(カッコ内は法律の条項)
省エネ法 （特定事業者の場合）	工場等単位、設備単位での基本的実施事項※1
フロン排出抑制法 （第１種特定製品の管理者、廃棄等実施者の場合）	（整備時）第１種フロン類充填回収業者への委託（法37条） （廃棄時）第１種フロン類充填回収業者への引き渡し（法41条）
大気汚染防止法 （ばい煙発生施設の場合）	排出基準に適合しないばい煙の排出禁止（法13条） 総量規制基準に適合しない指定ばい煙の排出禁止（法13条の２）
水質汚濁防止法 （特定事業場（特定施設を設置する事業場）、有害物質使用特定施設、有害物質貯蔵指定施設の場合）	排出基準に適合しない排出水の排出禁止（法12条） （指定地域内事業場） 総量規制基準に適合しない排出水の排出の禁止（法12条の２） （有害物質使用特定施設、有害物質貯蔵指定施設） 構造等の基準の遵守（法12条の４）
下水道法 （公共下水道を利用する事業者の場合）	除害施設の設置（法12条に基づき条例で定める） 基準に適合しない下水の排除禁止（法12条の２）
浄化槽法 （浄化槽を設置する事業者の場合）	保守点検及び清掃（法８～10条） 水質基準※2
騒音規制法 （指定地域内で特定施設を設置する工場・事業場の場合）	規制基準の遵守義務（法５条）
廃棄物処理法 （産業廃棄物・特別管理産業廃棄物の排出事業者で、処理業者に処理を委託する場合）	産業廃棄物保管基準の遵守（周囲に囲い、掲示板設置、飛散・流出防止措置等）（法12条） 産業廃棄物処理委託基準の遵守（書面で契約、許可証添付、記載事項に関する規定など）（法12条） 産廃マニフェストの運用（法12条の３、12条の５）

	電子マニフェストの使用義務（前々年度のPCB以外の特別管理産業廃棄物が50t以上の場合）（法12条の５）
プラスチック資源循環法 （排出事業者の場合）	プラスチック使用製品産業廃棄物等の排出抑制及び再資源化、熱回収の実施（法44条、基準命令１[※3]）
毒物劇物取締法 （毒物劇物営業者の場合）	盗難・紛失防止措置、飛散、漏えい、流出防止措置等（法11条） 容器及び被包への表示（法12条） 農業用、一般生活用の販売・授与時の制限（法13条、13条の２） 毒物又は劇物の譲渡手続（法14条） 18歳未満の者への交付禁止（法15条） 廃棄時、運搬、貯蔵その他の取扱いで技術上の基準の遵守（法15条の２、16条）

※１　基本的実施事項＝「工場等におけるエネルギーの使用の合理化に関する事業者の判断の基準」（平成21年経済産業省告示第66号）に規定

※２　水質基準＝「浄化槽法第７条及び第11条に基づく浄化槽の水質に関する検査内容及び方法、検査票、検査結果の判定等について」（通知）（平成７年６月20日厚生省衛浄第34号）に示された望ましい範囲

※３　基準命令＝「排出事業者のプラスチック使用製品産業廃棄物等の排出の抑制及び再資源化等の促進に関する判断の基準となるべき事項等を定める命令」（令和４年内閣府、デジタル庁、復興庁、総務省、法務省、外務省、財務省、文部科学省、厚生労働省、農林水産省、経済産業省、国土交通省、環境省、防衛省令第１号）

第8章

「届出」「報告」をチェックする

行政対応のしくみ

よくあるダイアローグ

POINT！

代表者の変更、設備の増設、エネルギー使用や廃棄物の量…。行政は事業者の実態について、最新情報の提供を求めています。報告や届出のタイミングをあらかじめ把握しておくことが重要です。

チェックシート

□第２章で整理した規制対象となる設備や機械などについて、設置等の許可や届出は提出され、その記載内容は確認できますか？　届出後、設備や機械に変更があり、届け出た内容が実態とあわないものはありませんか？
例：原料処理施設、ボイラー、浄化槽について、市へ設置の届出が提出されていることを届出控えで確認した。また今年○月には、代表者変更に伴い変更届を提出した。

□上記のような規制対象に関する報告や届出は、いつ、誰が、どのように行うことになっていますか？
例：工場の設備や機械の新規導入、変更に関する報告・届出は工場ごとに各自治体へ行うことになっている。いずれの工場でも新規導入、変更時には完了届を本社に提出しているが、その報告内容に行政への届出日が含まれ、また届出書の控を添付するようになっている。 代表者変更時の事務対応マニュアルがあるが、その中に環境法対応として変更届の提出リストが含まれている。

□第３章で決定した環境管理の役割や責任について、必要な届出は提出され、最新化されていますか？
例：公害防止管理者、エネルギー管理統括者等について、選任届が提出されていることを届出控えで確認した。また今年７月には、エネルギー管理者の交代に伴い変更届を提出した。

□上記のような技術管理者の配置などに関する届出は、いつ、誰が、どのように行うことになっていますか？
例：選任義務のある管理者、有資格者は社内システムに登録されている。届出を担当する総務課は、社内システムへの登録完了時に送られてくる通知（メール）が来ると対応し、届出の完了をシステムに登録するようになっている。

□第５章で決定した環境への取組みや実績について、必要な行政報告を提出していますか？
例：省エネ法に基づく中長期計画、エネルギー使用状況の定期報告を７月１日に経済産業局へ、また廃棄物処理法に基づく産業廃棄物の減量等に関する計画と前年度の実施状況報告を、６月20日に○○県へ提出していることを提出受領メールで確認した。

□上記のような排出量や使用量に関する行政への定期報告は、いつ、誰が、どのように行うことになっていますか？
例：必要な定期報告、提出期限、提出方法が一覧化されている。提出までの資料の準備は、対応スケジュールに基づいて行っている。担当者が変わっても滞りなく報告できるように手順書を整備している。

□第９章で確認した緊急事態の発生はありましたか？　発生した場合、必要な届出や報告対応を行いましたか？
例：昨年、台風の影響で灯油タンクが転倒し、敷地外に灯油が流出した。消防署に通報し応急措置を行い、県に報告を行った。

□上記のような緊急事態発生時の届出や報告は、どのように行うことになっていますか？
例：届出が義務付けられている緊急事態については、緊急事態対応手順書へ必要な行政対応を記載するとともに、対応が行われたことについて事故報告書に記載するようになっている。

第８章

「届出」「報告」をチェックする～行政対応のしくみ

解説

組織内外との情報共有の大切さ

本章の「よくあるダイアローグ」は「優良事例」です。社内で支店長交代の情報が入ると、Bさんは諸々の変更届出を確認しています。また、新年度に入ると、Bさんはすぐに行政報告の準備体制に入ります。

社内でどのようなことがあった時に変更届が必要か、また自社の環境活動のうち、毎年度報告しなければならないことは何かを把握し、自社の年間活動スケジュールに組み込んでいます。

このように行政への報告や届出について計画的に対応できている企業は結構多いのではないかと思います（監査や審査で優良事例として評価されることも多くあります）。

「報告」や「届出」と書くと何やら仰々しい感じがするかもしれません。確かにこうした報告や届出に関する文書の様式を見ると、行政文書らしく重厚な構えになっています。しかし、あまり敷居が高いものと考えず、「届出というのは要するに行政が環境に関するコミュニケーションを求めているのだ」というくらいに身近なものとして考えればよいと思います。

ここでちょっと、コミュニケーションについて考えてみたいと思います。コミュニケーションは、人体に張りめぐらされる神経ネットワークのように、一つの集団を意図した方向に動かすために欠かせないものです。必要な人に必要な情報が伝達され、共通の認識や基準が滞りなく行きわたることでチームワークが発揮され、成果につながります。反対にこうしたコミュニケーションが滞ると、対応すべきことや対応すべき人に取りこぼしが発生したり、計画した期間内で物事が完了しなかったりといったエラーが起きます。このようにコミュニケーションは社内のチームワークにおいて重要であることは言うまでもありませんが、社外においても同様です。

社会全体で一つのチームとなり、環境課題を解決していこうという機運が高まる今日、環境に関する外部利害関係者とのコミュニケーションは、年々重要性を増してきています。企業も社会を構成するメンバーとしてコミュニケーションを求められており、近年ではESGの観点から「対話」・「情報開示」について特に重視されているといってよいでしょう。脱炭素、資源循環、生物多様性などへの取組みとその成果は、市民やNGO、投資家など社会を構成するあらゆるメンバーから注目されています。したがって、企業が自社の取組みとして公表する内容は「自社のイメージアップにつながるような、環境に取り組む姿勢」という漠然としたものから、「根拠に基づく具体的な情報の開示」というシビアなものへと変わってきています。

では、どのような環境情報をどのように開示することが求められているのでしょうか。すでに、TCFDやCDP、TNFDといった先行的取組み（イニシアティブ）によって枠組みが整備され、投資家などが企業の取組みを評価する際の指標があります。投資家もまた、2006年に国連が提唱した責任投資原則に基づき、企業との対話を重視したESG投資を進めています。

このように、企業が利害関係者と環境に関するコミュニケーションを行うことは、従来行ってきた「苦情や要望があった場合の対応」以上の重みをもってきているのです。

話を法規制に戻しましょう。法律に基づく届出や報告は、行政が環境に関するコミュニケーションを求めているという認識に立ったとき、内容が正確であること、タイムリーであることが大切になってきます。これに多少逸脱した程度では、規制値超過のように環境問題になることはありませんが、行政からの信頼関係には影響を及ぼすでしょう。その結果、もし不幸にして何かの環境事故が発生した場合に、日頃から誠意あるコミュニケーションをとっている企業とそうでない企業とで、事故発生について行政からの見られ方がどうなるかと想像してみてください。

では、行政から信頼されるコミュニケーションをどのように行えばよいのでしょうか？

チェックシートのポイント

① タイミング

まず、社内の事業活動でどのようなことが起きた時にコミュニケーションが求められてくるのかを整理しておきましょう。法律起点ではなく、自社の活動を起点にして考えることがポイントです。

例えば敷地利用や設備・原材料に関連する届出等については、どの企業でも必ず予算化と予算の執行段階があると思います。このような費用に関する事務手続と法的対応を連動させると、抜け漏れが起きにくくなるでしょう。

次に、選任義務など組織体制に関する届出ですが、管理責任者、代表者については、人事異動時が届出のタイミングと認識しておくとよいでしょう。エネルギー管理者など公的資格保有者の選任義務に関する届出は、事業所間の異動や退職のタイミングに連動させるとよいでしょう。また第4章「対応能力」で紹介した有資格者一覧に届出状況を記載しておくのもよいでしょう。削減計画や実績報告については、提出期限を含めた作成期間を年間活動スケジュールに組み込んでおくとよいでしょう。

② 提出内容・提出先

届出書の提出先は、「国へ」・「県へ」・「市へ」などではなく、提出先の部署までわかるようにしておくと、業務を引き継ぐ際にわかりやすくなります。届出を行った場合の記録を残す場合も、同様に部署を明確にしておきましょう。電子申請の場合は、そのウェブサイトへのアクセス方法、ログイン方法を明確にしておくとよいでしょう。

環境法ではどうなっているか——「許可」「届出」「報告」「計画提出」は行政が必須と考える「外部コミュニケーション」

「許可」「届出」「計画提出」「報告」義務は、ほとんどの環境法に登場しているといってよいでしょう。これらは行政が事業者に対して必須と考える外部コミュニケーションと考えることができます。内容を類別すると、①規制対象に関するコミュニケーション（どこの事業場にどのような規制対象となる設備があるか）、②組織体制に関するコミュニケーション（管理体制は整備され、有資格者は配置されているか）、③環境への影響に関するコミュニケーション（排出量や使用量はどの程度か）、④環境への取組みに関するコミュニケーション（改善活動は計画的に進められているか）、⑤緊急事態に関するコミュニケーション（緊急事態の発生があったか、対応は適切であったか）のように整理することができます。これらは、「行政が地域の環境保全上把握しておきたい事業者情報の開示要求」とも考えられます。こうした開示要求にきちんと対応することは、行政との信頼関係を築く上で重要であり、おろそかにせず大切にしたいところです。

「許可」「届出」「報告」「計画提出」を要求している法令の例

① 規制対象に関するコミュニケーションとして―大気汚染防止法の「ばい煙発生施設などの設置届」

大気汚染防止法では、規制対象となるばい煙発生施設、VOC排出施設、一般粉じん発生施設、水銀排出施設などの設置時には、知事への届出が義務付けられています（法６条、17条の５、18条、18条の28関連）。これらのうち一般粉じん発生施設以外の施設は、届出が受理された日から60日を経過しないと設置をすることができません（実施の制限：法10条、17条の９、18条の32）。実質的には設置の60日前に届出が必要となります。また届け出た施設の構造等を変更する場合は変更の届出義務があり、同様に実施の制限があります。

同じように、規制対象となる施設を設置する際に届出義務があるものとして、水質汚濁防止法に基づく特定施設等設置時の届出義務（法５条、９条関連）、浄化槽法に基づく浄化槽設置時の届出義務（法５条関連）、騒音規制法に基づく特定施設の設置、特定建設作業の届出義務（法６条、14条関連）があります。高圧ガス保安法の場合、高圧ガス製造所、貯蔵所の設置時に許可又は届出の義務があります（法５条、16条、17条の２関連）。

この場合の許可と届出の違いですが、「許可」とは、禁止されているものを一定の要件に基づいて解除することを意味し、通知を意味する「届出」よりも厳しい行政行為といえます。

② 組織体制に関するコミュニケーションとして―公害防止組織法における「公害防止管理者等の届出」

公害防止組織法では、特定工場に対し公害防止管理者等の選任義務があります（第３章参照）。選任後、選任したその日から30日以内に都道府県知事へ届け出ることが義務付けられています（法３条～５条）。

同じように選任者の届出義務があるものとして、省エネ法に基づくエネルギー管理統括者等の届出義務（法８条、９条、11条、14条関連）、毒物劇物取締法の毒物劇物取扱責任者の届出（法22条関連）、消防法の防火管理者等の届出（法８条関連ほか）、高圧ガス保安法の保安統括者等の届出（法27条の２関連ほか）などがあります。

③ 環境への影響に関するコミュニケーションとして―化管法における「PRTR制度」

化管法では、第１種指定化学物資等取扱事業者に対して、事業活動に伴う第１種指定化学物質の排出量及び移動量を事業所ごと、第１種指定化学物質ごとに届けることが義務付けられています（前年度分を６月30日までに主務大臣へ：法５条関連）。

同じように環境負荷量の報告・届出義務がある主な環境法として、省エネ法のエネルギー使用状況の定期報告（毎年度７月末日までに主務大臣へ提出：法16条関連）、廃棄物処理法のマニフェスト定期報告（紙マニフェストの場合。事業所ごとに前年度分を６月30日までに知事へ提出：法12条の３関連）、フロン排出抑制法のフロン類算定漏えい量等の報告（法19条関連）などがあります。

④ 環境への取組みに関するコミュニケーションとして―省エネ法における「中長期的な計画の提出」「エネルギー使用状況の定期報告の提出」

省エネ法で特定事業者に義務付けられている、「中長期計画書」及び「エネルギー使用状況の定期報告書」は、作成後毎年７月末日までに主務大臣に提出することが義務付けられています（法15条、16条）。

同じように、取組みの計画とその実施状況の報告について提出を義務付けている主な環境法として、自動車NOx・PM法に基づく自動車使用管理計画の知事への提出（法33条関連）、廃棄物処理法に基づく多量排出事業者への産業廃棄物の減量等に関する計画及び実施状況の提出義務（法12条関連）などがあります。

また、行政への届出義務ではありませんが、取組みに関する情報開示を求めるものとして、2022年４月施行のプラスチック資源循環法では、特定プラスチック使用製品提供事業者に対する特定プラスチック使用製品の提供量、使用の合理化のために実施した取組みと効果についての情報公開、多量排出事業者（前年度250t以上）に対する前年度のプラスチック使用製品産業廃棄物の排出量及び目標の達成状況についてのインターネット等での公表を、それぞれ努力義務としています（法44条、排出事業者のプラスチック使用製品産業廃棄物等の排出の抑制及び再資源化等の促進に関する判断の基準となるべき事項等を定める命令４条、５条）。

⑤ 緊急事態に関するコミュニケーションとして―フロン排出抑制法における「第１種特定製品廃棄等実施者の引取証明書に関する知事への報告

フロン排出抑制法では、第１種特定製品廃棄等実施者が製品の引渡し後（回収依頼書又は委託確認書交付日）から30日以内に引取証明書の交付・送付を受けない場合などに、速やかに知事へ報告することが義務付けられています（法45条関連）。

同じように、緊急時や事故時の報告・届出義務がある主な環境法令として、大気汚染防止法の知事への通報義務（ばい煙発生施設及び特定施設の事故発生時：法17条関連)、水質汚濁防止法の知事への届出義務（特定施設、指定施設、貯油施設等の事故発生時：法14条の２)、下水道法に基づく下水道管理者への届出義務（政令で定める有害物質又は油の下水道流入時：法第12条の９関連)、廃棄物処理法に基づくマニフェスト遅延の通知又はマニフェストの期日内未送付、虚偽の報告、処理困難通知受領時の知事への報告義務（法12条の３、12条の５関連）などがあります。

ISO14001活用アイディア

〈この要求事項を活用〉

7.4.3　外部コミュニケーション

規制対象に関するコミュニケーションは、２章でまとめた規制対象の見直し時に届出の必要性を確認し、対応する。

管理体制に関するコミュニケーションは、会社の組織体制の変更時に変更届出の必要性を確認し、対応する。

計画や実績など環境への取組みに関するコミュニケーションは、社内の年間スケジュールに組み込み、役割分担を明確にした上、期日までに行政報告が完了するように計画的に進める。

緊急事態に関するコミュニケーションは、緊急時対応などの運用手順に含め、通常と異なる事態や緊急事態の発生時にはその手順に従い対応する。

ISO14001の「7.4.3　外部コミュニケーション」では、次のように定めています。

7.4.3　外部コミュニケーション

組織は、コミュニケーションプロセスによって確立したとおりに、かつ、順守義務による要求に従って，環境マネジメントシステムに関連する情報について外部コミュニケーションを行わなければならない。

届出等の義務については、上記のとおり、その内容（コミュニケーションの種類）に応じて日々の管理のしくみに含めておくと、計画的に対応することができます。

図表：多くの事業者に関連する環境法と要求事項の関係の例（届出・報告）

法律名	規制内容の例（カッコ内は法律の条項）
公害防止組織法 （特定工場の場合）	公害防止管理者等の届出（法３～５条）
省エネ法 （特定事業者の場合）	特定事業者としての指定の届出（法７条） エネルギー管理統括者、エネルギー管理企画推進者、エネルギー管理者、エネルギー管理員の選任届出（法８条、９条、11条、14条） エネルギー使用状況の定期報告（法16条）
フロン排出抑制法 （第１種特定製品の管理者、廃棄等実施者の場合）	フロン類算定漏えい量等の報告等（法19条） （引き渡し）第１種特定製品の引渡し時に、引取証明書の写しを交付（法45条の２）
大気汚染防止法 （ばい煙発生施設の場合）	ばい煙発生施設設置の届出（法６条）
水質汚濁防止法 （特定事業場(特定施設を設置する事業場)、有害物質使用特定施設、有害物質貯蔵指定施設の場合）	特定施設の設置の届出（法５条） 有害物質使用特定施設、有害物質貯蔵指定施設の設置の届出（法５条） （指定地域内事業場）汚濁負荷量の測定手法について知事へ届出（法14条）
下水道法 （公共下水道を利用する事業者の場合）	使用開始の届出（法11条の２） 特定施設の設置の届出（法12条の３）
浄化槽法 （浄化槽を設置する事業者の場合）	使用開始後30日以内の報告（法10条の２） 技術管理者、浄化槽管理者の変更時の報告（法10条の２） 使用休止・廃止の届出（法11条の２、11条の３）
騒音規制法 （指定地域内で特定施設を設置する工場・事業場の場合）	特定施設の設置の届出（法６条）

廃棄物処理法 （産業廃棄物・特別管理産業廃棄物の排出事業者で、処理業者に処理を委託する場合）	産廃の事業場外保管の届出（建設産廃、300㎡以上の場合に限る）（法12条） 多量排出事業者の減量計画及び減量計画の実施報告の提出（法12条） マニフェスト交付状況報告（法12条の３）
プラスチック資源循環法 （排出事業者の場合）	再資源化の委託時には、分別の状況、性状及び荷姿などの情報提供（基準命令５）※ 多量排出事業者の目標に対する取組状況の公表に努める（基準命令４）※
化管法 （第１種指定化学物質等取扱事業者の場合）	第１種指定化学物質の排出量及び移動量の届出（法５条） 指定化学物質等の性状及び取扱いに関する情報の提供（指定化学物質等取扱事業者の場合）（法14条）
毒物劇物取締法 （毒物劇物営業者の場合）	営業の登録及び更新（法４条） 販売又は譲渡するまでに、対象となる毒劇物の性状及び取扱いに関する情報提供（施行令40条の９）

※基準命令＝「排出事業者のプラスチック使用製品産業廃棄物等の排出の抑制及び再資源化等の促進に関する判断の基準となるべき事項等を定める命令」（令和４年内閣府、デジタル庁、復興庁、総務省、法務省、外務省、財務省、文部科学省、厚生労働省、農林水産省、経済産業省、国土交通省、環境省、防衛省令第１号）

第９章

「事故」をチェックする

緊急事態対応のしくみ

よくあるダイアローグ

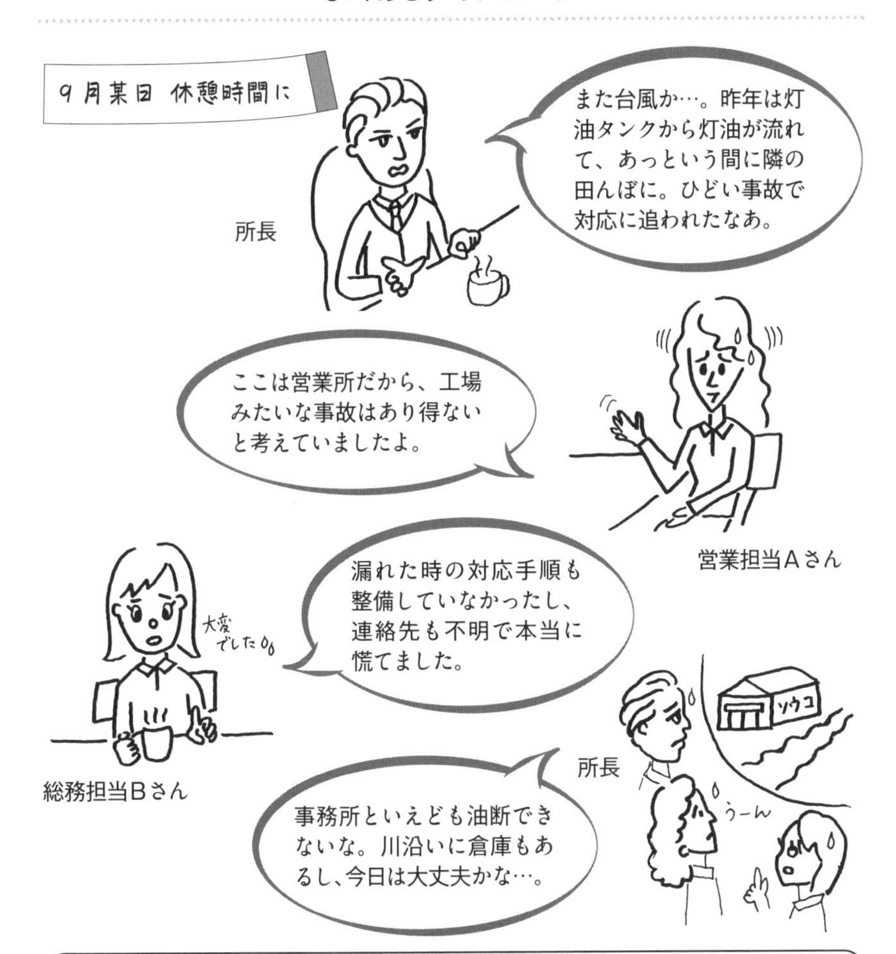

POINT！

敷地外への流出、漏えい、火災…。「緊急事態が起きるのは、工場だけ」とは限りません。

そして、見逃しがちですが、環境法が関係するのは通常時だけとは限りません。

チェックシート

□規制対象のうち、事故や漏えい、爆発など、緊急事態につながる環境リスクがあるものを把握していますか？

例：ボイラー、油水分離施設、重油タンクが該当する。

□ボイラーは、どのような場合が事故（緊急事態）に該当すると判断しますか？

例：ボイラーは、故障や破損などの事故が発生し、ばい煙又は特定物質が大気中に多量に排出された場合を緊急事態としている。

□どのような場合に、そのような緊急事態が発生すると想定していますか？

例：誤操作や手順ミスのほか、台風や地震などの自然災害の発生時を想定している。

□緊急時の対応手順は整備されていますか？

例：緊急事態につながる環境リスクについては、それぞれ緊急事態対応手順があり、年１回手順をテストし有効性を確認している。そのほか、規制対象の定期見直しの際に貯蔵量の変更や増設などの変更があった場合にも、手順が引き続き有効か確認している。

□対応されなかった場合のリスクは評価されていますか？

例：事故の想定に基づき被害規模、損失を評価している。

<MEMO>

第9章

「事故」をチェックする
～緊急事態対応のしくみ

解説

何が環境事故のリスクになるのかわからないと…

本章の「よくあるダイアローグ」の場面は、オフィス（営業所）です。前年に起きた灯油の流出が話題に上がっています。どうやら暖房用に使っていた灯油が隣の農地に流出し、ひと騒動あったようです。このオフィスでは、危険物や有害物を大量に取り扱うような工場と違い、環境事故が起きるということはまったく想定していなかったため、対応手順もありませんでした。そのため、流出を止める応急措置の方法、必要な用具の手配、緊急連絡先の確認、農地所有者への補償など、すべて「ぶっつけ本番」で行うこととなり、相当あたふたしたようです。

またこの事故は、どうやら台風による豪雨の影響で起きたようです。近年では過去になかった大型の台風や集中豪雨などが増え、自然の脅威を想定した予防的な対応が事業継続（BCP）の視点として年々重要になってきていますが、この営業所ではそうした変化に対しても無防備でした。前年の大騒ぎですっかり懲りた営業所の所長ほか一同、今年は万全の管理体制でのぞみますが、ふと川沿いの営業倉庫については管理が不十分であることに気づきました。そこには絶対に水にぬらしてはいけない自社の製品が大量に保管してあります。河川の増水が心配になってきました。

では、こうした心配がないよう事故のリスクを特定して、予防的に管理するためには、どのようなことが必要なのでしょうか。

漏えい、流出、飛散、火災、爆発など、環境事故となる事象には様々なものがあります。影響が事業所の敷地内で収まらないと、周辺地域へ汚染が及び、汚染が著しい場合は健康被害をもたらしたり、現状回復に多額の費用や長期間を要する場合もあります。

事故が発生するのは大規模な工場だけとは限りません。発生源となる設備・配管・装置・貯蔵物などがあれば、どのような事業所でも事故は起こり得るものです。発生源の実態に応じたリスクアセスメントをしておくことが予防の第一歩かもしれません。

緊急事態は、自社の敷地で発生する事故とは限らない

緊急事態は、自社の敷地で発生する事故とは限りません。例えば、産業廃棄物に関する緊急事態といえる事象の多くは、産業廃棄物が事業所から運搬された後に発生します。処理委託した業者が倒産その他の理由で処理が困難になる場合や、引き渡した産廃の処理の完了が決められた期日までに確認できず、不適正処理の可能性がある場合などです。その結果、もしも不法投棄につながるようなことがあれば、十分に「重大事故」相当と考えてよいと思います。

産業廃棄物の不法投棄の件数は、令和２年度で139件と、平成10年～13年のピーク時（1,197件）に比較するとかなり減少し、３Ｒ（省資源、再使用、再資源化）への取組みや廃棄物処理法の度重なる改正による成果を反映しているといえます。しかし依然として不法投棄が無くならない状況であることもまた事実です。自社に「産業廃棄物の排出」というリスクの発生源がある以上、適正に管理されなければ不法投棄という緊急事態に至る可能性はあると考えるべきでしょう。

環境事故の対応手順がないと…

リスクアセスメントで環境事故の発生源が特定されても、発生時に誰がどのように対応するのか決まっていなければ、事故の拡大を防ぐことができません。また、緊急時の対応手順は事業所の状況によって異なるものです。発生源が敷地のどこに配置されているか、どのような経路で外部に排出されるか、隣接地がどのようになっているか、事故対応できる人員がどのぐらい確保できるかなどの状況を考慮して事業所ごとにカスタマイズし、最も有効な方法にしておく必要があります。

チェックシートのポイント

ここまでの内容をふまえ、緊急事態対応がとられているかチェックしていきましょう。

① 何が危ないか（リスク対象）の把握

環境に関する事故やアクシデントの発生源に何があるかを洗い出します。第２章で整理した規制対象をベースに整理するとよいですが、法規制の対象であるかどうかを問わずリスクになると思われるものがあれば積極的に対象として把握しましょう（例えば少量危険物に満たない量での灯油の保管など）。

② 何が起きるか（リスク）の把握

①で特定したリスク対象で、緊急事態として何が起きるのかについて（例えば爆発、火災、漏えいなど）、①とあわせて把握します。前出のとおり、敷地内で起こるものに限らず、業務委託先で発生するもの、輸送中や訪問した顧客の事業所内で発生するもの、建設工事の現場で発生するものなど、様々な状況が考えられます。

③ 何が起きた時に危ないか（想定される発生要因）の把握

ヒューマンエラー（誤操作や手順ミス）のほか、台風や地震などの自然災害の発生時を想定しておきます。

④ 対応手順の準備

①〜③で把握したリスクが発生した場合の緊急対応手順を作成しておきます。緊急事態の対応手順は、発生した事故の影響拡大を防ぐためにとるべき行動や必要な用具、緊急連絡先などを記載するとよいでしょう。稀に消防署や警察などの連絡や社内の連絡網のみで対応手順としているケースを見ますが、緊急事態対応は避難が必要な場合も含め、何らかの行動指針となるようなものに

なっていなければ十分とはいえません。

⑤ 対応手順の有効性を検証

ほとんどの事業者にとって、緊急事態の対応手順は、緊急事態の発生を「想定して」作成されているものだと思います。想定に基づいた手順が実際に有効かどうかについては、テストに基づき検証しておくとよいでしょう。実際に事故を発生させるわけにはいきませんが、例えば油の漏えいの場合は油の代わりに水を流すなど、できるだけそれに近い状況を設定して実施するとよいでしょう。

手順のテストは、その手順に慣れておくということもありますが、その手順で問題ないかを確認するために行うことがポイントです。実際にテストを行ってみると、想定する漏えい量に対して吸着マットの数が十分でない、備品の保管場所が発生場所から離れているため対応が遅れる、緊急遮断弁の周囲が草で覆われて蓋が開かないなど、有効性に課題がある場合が多々あります。

最近ではVR（バーチャルリアリティ）技術により事故を仮想的に体験することも可能になってきていますので、そうした方法で緊急事態を体感しておくこともよいでしょう。

⑥ 対応手順に関する情報提供

当然のことかもしれませんが、整備された緊急事態への対応手順は関係者に伝達される必要があります。手順の実施に関わるメンバーには訓練に参加してもらうことが必要でしょう。その他、緊急時対応に関する情報提供先としては、構内に常駐又は出入りする協力業者のほか、近隣の事業者や地域住民などが含まれるでしょう。近隣地域へのこうした緊急時に関する情報提供は、リスクコミュニケーションとして化学物質管理などで積極的に取り組む企業もあります。

環境法ではどうなっているか――「事故時の措置」は、「組織に必ず取ってもらいたい対応」＝「緊急事態」

環境法の中には「事故時の措置」を義務規定として設けているものが多くあります。事故を発生させた事業者は緊急事態対応をとり、拡散の範囲をできるだけ限定的にするとともに、通報や届出を行うことにより行政が発生状況を把握し、拡散防止への対応や汚染物質の回収を行いやすくすることが期待されています。

一方で、水質汚濁防止法などの規制では、対応を求められる状況について量や時間など具体的な基準が明確にされていない場合があります。このような場合は「わずかであっても流出があれば事故時に該当と考えるか」、「貯蔵の全量が流出した場合のみ事故時に該当と考えるか」は、それぞれの法令で何が期待されているのか、周辺の土地利用、自治体等の要求をよく理解し、また実際の取扱量、流出予想量を把握した上で、自主的な基準を定めて関係者内での共通認識とし、行動判断を誤らないようにしておくことがポイントでしょう。

緊急事態対応を要求している法令の例

① 大気汚染防止法における「事故時の措置」

故障、破損その他の事故が発生し、ばい煙又は特定物質が大気中に多量に排出された場合、応急措置を行い、知事へ通報することが義務付けられています（法17条関連）。

② 水質汚濁防止法における「事故時の措置」

特定施設、指定施設、貯油施設において破損その他の事故が発生し、以下により健康又は生活環境への被害を生じるおそれがあるとき、直ちに応急措置を実施し、事故概要を知事へ届出することが義務付けられています（法14条の2関連）。

・（特定施設の場合）有害物質を含む水若しくは排水基準に適合しないおそれ

があるがある水の公共用水域への排出又は有害物質を含む水の地下浸透
・（指定施設の場合）有害物質又は指定物質を含む水の公共用水域への排出又は地下浸透
・（貯油施設の場合）油を含む水の公共用水域への排出又は地下浸透

③ 毒物劇物取締法における「事故時等の措置」

毒物劇物営業者、特定毒物研究者、業務上取扱者は、取り扱う毒物・劇物等が飛散、漏れ、流れ出し、染み出し、又は地下に染み込んだ場合で不特定の者等に保健衛生上の危害が生ずるおそれがあるときは、直ちに保健所、警察署又は消防機関に届出を行い、保健衛生上の危害防止に必要な応急措置の実施が義務付けられています。そのほか、取り扱う毒物又は劇物の盗難又は紛失時には、直ちに警察署へ届け出ることが義務付けられています（法17条、22条関連）。

④ 廃棄物処理法における「マニフェストの返送遅延時等」「処理困難通知の受領時」の措置

産業廃棄物管理票（マニフェスト）が所定の送付期限までに送付を受けない場合や送付を受けたマニフェストに記載漏れや虚偽の記載がある場合は、生活環境の保全上の支障の除去又は発生の防止のために必要な措置を行い、30日以内に報告書を知事に提出することが義務付けられています。その他、処理委託した業者から処理困難通知を受領した場合も同様に、速やかに処理状況を把握し、適切な措置を講じ、マニフェストの送付を受けていない場合は30日以内に知事へ報告する義務があります（法12条の３、12条の５関連）。

⑤ 高圧ガス保安法における「危険時の措置及び届出」

高圧ガスの製造のための施設、貯蔵所、販売のための施設、特定高圧ガスの消費のための施設又は高圧ガスを充てんした容器が危険な状態となったときは、施設や容器の所有者又は占有者は直ちに、作業中止、大気中への放出、作業員の退避、近隣住民への退避の警告など、経済産業省令で定める災害発生防止のための応急措置を行うことが義務付けられています（法36条、一般高圧ガス保安規則84条、液化石油ガス保安規則82条、コンビナート等保安規則39条、冷凍保安規則45条）。

⑥ 都民の健康と安全を確保する環境に関する条例に基づく「東京都化学物質適正管理指針」

本条例の108条に基づき、化学物質の適正管理のために事業者がとるべき措置等を示した「化学物質適正管理指針」が規定され、その中には「事故時等の対応」として、所在地のハザードマップによる被害想定の確認、対策の実施、定期的な点検などリスクに応じた管理と事故発生時の対応が規定されています。一部の事業者へは、本指針に基づく化学物質管理方法書の知事への提出が義務付けられています（条例第111条）。

ISO14001活用アイディア

〈この要求事項を活用〉

8.2　緊急事態への準備及び対応

法令で事故時の措置などが義務付けられている緊急事態をもれなく事業所での想定すべき潜在的な緊急事態と位置付け、発生した場合に行わなければならない実施事項や手順、必要な備品類を整備し、定期テストを行う。

ISO14001の「8.2　緊急事態への準備及び対応」では、次のように定めています。

8.2　緊急事態への準備及び対応

組織は、6.1.1で特定した潜在的な緊急事態への準備及び対応のために必要なプロセスを確立し、実施し、維持しなければならない。

組織は、次の事項を行わなければならない。

a) 緊急事態からの有害な環境影響を防止又は緩和するための処置を計画することによって、対応を準備する。

b) 顕在した緊急事態に対応する。

c) 緊急事態及びその潜在的な環境影響の大きさに応じて、緊急事態による結果を防止又は緩和するための処置をとる。

d) 実行可能な場合には、計画した対応処置を定期的にテストする。

e) 定期的に、また特に緊急事態の発生後又はテストの後には、プロセス及び計画した対応処置をレビューし、改訂する。

f) 必要に応じて、緊急事態への準備及び対応についての関連する情報及び教育訓練を、組織の管理下で働く人々を含む関連する利害関係者に提供する。

組織は、プロセスが計画どおりに実施されるという確信をもつために必要な程度の、文書化した情報を維持しなければならない。

事故時の措置が求められている規制対象すべてについて対応手順を整備することによって、事業者が想定する緊急事態以外の事象、又は緊急事態発生時に報告義務があることをうっかり忘れがちな事象も網羅し、発生時に対応することができます。以下のような「緊急事態一覧表」を備えておくのも有効な手立てです。

図表：緊急事態一覧表の例

対象設備	想定されるリスク	関連部門	手順書No. (テストの実施日)	備考
苛性ソーダタンク	破損による漏えい	工務部	No.1 (○年○月○日)	毒物劇物取締法
重油タンク	配管の破損による地下浸透、敷地外への流出	工務部	No.2 (○年○月○日)	水質汚濁防止法
試薬保管庫	毒劇物の飛散、盗難	品質管理課	No.3 (○年○月○日)	毒物劇物取締法
産業廃棄物 (汚泥、廃油)	委託業者の処理不能 不適正処理	総務部	No.4 (○月○日処理状況の確認を実施)	廃棄物処理法

図表：多くの事業者に関連する環境法と要求事項の関係の例（緊急事態対応）

法律名	規制内容の例（カッコ内は法律の条項）
フロン排出抑制法 （第１種特定製品の管理者、廃棄等実施者の場合）	第１種特定製品からのフロン類の漏えい時の措置（告示３）※ （廃棄時）引取証明書の期限内送付がない場合等の知事への報告（法45条）
大気汚染防止法 （ばい煙発生施設の場合）	事故時の措置（ばい煙又は特定物質）（法17条）
水質汚濁防止法 （特定事業場（特定施設を設置する事業場）、有害物質使用特定施設、有害物質貯蔵指定施設の場合）	事故時の措置（特定施設、指定施設、貯油施設）（法14条の２）
下水道法 （公共下水道を利用する事業者の場合）	事故時の措置（法12条の９）
廃棄物処理法 （産業廃棄物・特別管理産業廃棄物の排出事業者で、処理業者に処理を委託する場合）	送付期限内にマニフェストの送付を受けない場合、虚偽の記載がある場合（電子マニフェストの場合はマニフェスト遅滞等の通知）の知事への報告（法12条の３、12条の５） 処理困難通知を受けた場合の措置の実施（法12条の３、12条の５）
毒物劇物取締法 （毒物劇物営業者の場合）	事故時、盗難紛失時の通報、応急措置（法17条）

※告示＝「第１種特定製品の管理者の判断の基準となるべき事項」（平成26年経済産業省、環境省告示第13号）

第10章

「測定」をチェックする

モニタリングのしくみ

よくあるダイアローグ

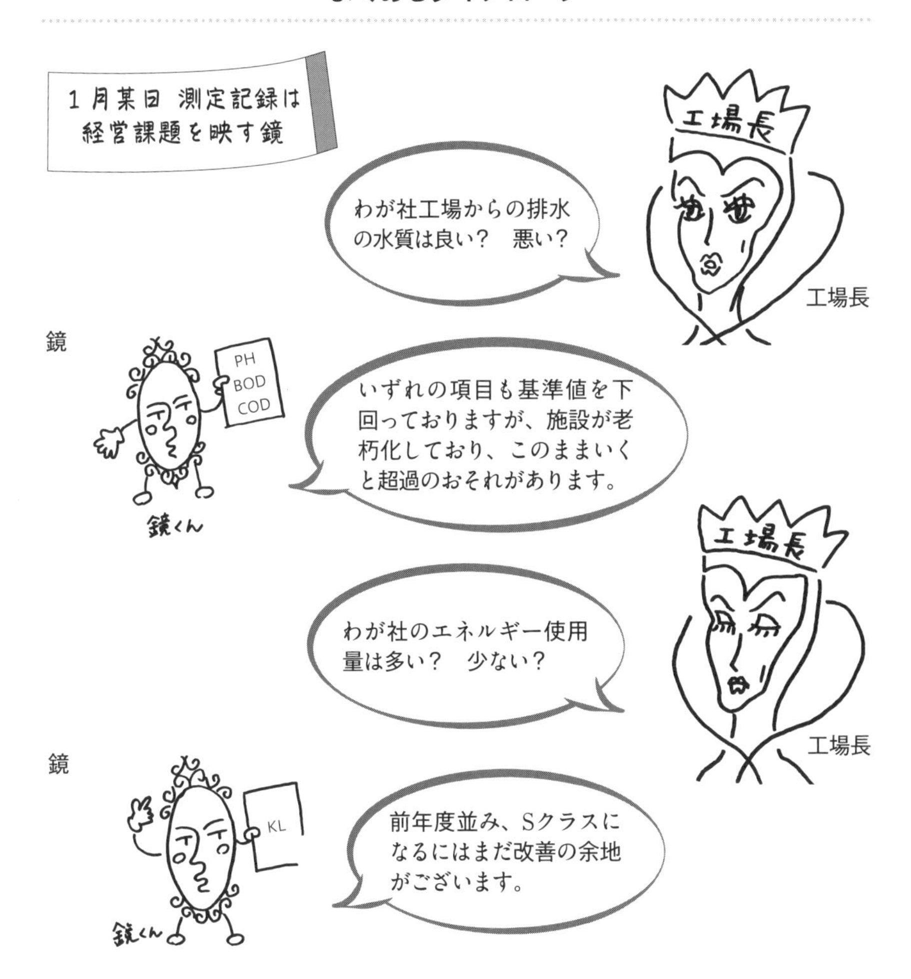

POINT！

測定記録は自社の環境状態を映し出す鏡であり、真摯に受け止める必要があります。またその状態を正確に把握することは、管理の第一歩、基本の「キ」です。

チェックシート

□規制対象のうち、測定義務や点検義務の対象となるものは明確になっていますか？
例：ボイラー、油水分離施設、重油タンク、排水処理設備が該当する。 産業廃棄物保管場所が該当する。

□測定・点検の項目や実施頻度はどのようになっていますか？誰が測定しますか？
例：ボイラーはSO_x、NO_x、ばいじん、有害物質（カドミウム及びその化合物）で、 委託業者が２カ月に１回以上その他測定要領に定めた頻度で行っている。

□測定結果は誰が、いつ、どのように評価していますか？
例：ばい煙、排水については、測定値が地域協定に基づく規制値内であるか測定者がその都度確認し、最終的に上長が評価している。 浄化槽の法定点検は年１回業者が実施し、その結果は文書で報告されるが、内容確認は担当者が行い、対応が必要な場合は上長に報告している。 エネルギー使用状況については、工場担当者が毎月電気、重油、軽油、ガソリンの使用量を本社〇〇課にメールで報告している。会社全体又は工場として使用状況が前年度から増加している月は、本社から注意喚起がある。

□測定項目について、規制値はどのように把握していますか？
例：測定者が市のHPで確認している。 規制値を測定記録の様式に記載している。 測定を委託している業者の報告を再チェックしている。 自動化されたシステムを年１回チェックしている。

□測定で基準超過等があった時の対応方法はどうなっていますか？
例：超過がわかり次第、部門長に報告される。 再測定の手順がある。 発生源となる設備の担当者にフィードバックする。

<MEMO>

第10章

「測定」をチェックする
〜モニタリングのしくみ

解 説

事業活動がもたらす環境負荷が正確に把握されないと…

本章でとりあげるのは、「モニタリング」です。日本語で表すと「監視」となりますが、監視の意味を調べると、「監視＝（悪事が起こらないように）見張ること」（広辞苑）とあり、ただ単に「測定する」だけではないことがわかります。つまり、測定結果が（悪事が起きているかどうかの）基準に対してどのような状態であるかを「評価」することが含まれます。

本章の「よくあるダイアローグ」では、工場長が排水の水質やエネルギー使用量の状態を訪ねています。測定担当の鏡君は、測定した数値とともに、その状態を評価して回答しています。どうもあまり良い評価ではなく、このまま放置するとリスクが顕在化する「イエローカード」であるような、優良とはいえない状況のようです。

モニタリングで重要なことは、測定数値で得られた環境の状態（評価結果）から改善課題を発見し、予防的に対応するための材料とすることです。測定結果は事実であり、その事実を変えることはできません。しかし、それを踏まえてこれから起きるリスクを回避することは可能です。環境管理においてはこうした結果に対して真摯に向き合うことが大切だと思います。

では、環境リスクを回避するために、自社の環境活動の何をどのようにモニタリングしていけばよいのでしょうか。

事業活動においては、大気への放出、水系への排出、有害化学物質や危険物の貯蔵、エネルギーの使用、廃棄物の排出など、様々な環境負荷が生じます。これは工場に限らず事務所などの事業所においても、量の多少はありますが、ゼロではありません。そのような環境負荷の状態が、必要な項目で正確にモニタリングされないと、許容量を超えた排出や、異常な状態のままの貯蔵や使用が行われ、環境汚染につながりかねません。また、せっかく削減や低減といった改善活動を行っていても、その成果を正確にとらえることができなくなってしまいます。

企業の日々の経営判断にあたり、売上高、経常利益など財務に関連したモニタリング情報は、当然ですが管理層や経営層に報告され、注目されます。環境に関するモニタリング結果は、一見経営と無関係のようにみえますが、実は同じように経営上重要な意味を持つ場合があります。第８章で解説したとおり、環境パフォーマンスに関する開示要求及びそれらの情報に基づいて企業を評価しようとする傾向は年々高まってきています。そのような環境パフォーマンスについて現場や管理部門が誤りのない正確なモニタリングを継続的に行うことは、企業評価の土台を支えるものとして重要な役割をもっているのです。

チェックシートのポイント

① モニタリング対象・範囲の把握

コンプライアンスのために必要な監視対象を整理します。複数の事業所をもつ企業の場合、一つの工場や営業所単位で状態を把握しておけば管理上問題がないものと、事業者（法人）としての全体的な量や推移を監視する必要があるものがあります。その企業が求める「あるべき状態」、「回避したい状態」によってその範囲は変わってきます。

② モニタリングの実施方法の決定

環境の状態を正しく評価できるモニタリング結果を得るためには、測定対象、測定項目、頻度が適切に設定されていなければなりません。また、測定に機器を用いる場合は、測定精度も重要です。正しく測定するために専門技術が必要な場合もあります。またモニタリングは、通常の状態のほか、原材料の切り替え時や機械の点検時、朝夕など変動があった時に行うことが有効な場合もあります。

その他、実施方法には結果の記録方法も含めておく必要があります。客観的な証拠となるように、日付、実施者、測定の結果（数値にできるものは数値で）を残します。点検結果などでただ単に「○」だけ付けている記録を見ることがよくありますが、これでは後から十分な評価を行うことができません。何に対してどのような状態であったかを記載することが必要でしょう。

③ 測定結果の評価

測定結果の評価は、「確認」に留まらないように注意が必要です。評価者は測定結果から直ちに対応が必要か、要注意なのか、このまま維持で問題がないのか、判定しなければいけません。したがって、測定結果から評価までの期間についても重要になります。規制値が超過しそうだという測定データを1年後に見ても、また、産業廃棄物を処理委託する業者の許可の有効期限が切れているかもしれないという事実を産廃を引き渡した後に知っても、すでに「後の祭り」となっているかもしれません。リスクを予防的に発見し、有効な打つ手があるうちに評価を行うことが大切でしょう。

環境法ではどうなっているか――「測定義務」「点検義務」は、「必ずモニタリングしてほしいこと」＝「監視測定分析及び評価」

環境法の中には、規制対象となる設備等について、排出量などの「測定」設備の構造等の「点検」を義務付けているものがあります。これらの義務は、事業活動に伴う環境影響の程度やリスクについて「予防や改善のために必ずモニタリングしてほしいこと」と捉えることができます。すべてのモニタリング対象について等しく評価するために、たいていの場合は項目、方法、頻度などが法令に明記されています。規制値基準への適合義務がある大気汚染防止法、水質汚濁防止法などでは、適合状態を客観的に評価する根拠となります。

注意が必要なのは、測定義務がなくてもモニタリングをしておかなければならない場合があるということです。例えば省エネ法の条項にはエネルギー使用状況の測定義務のようなものはありませんが、第16条に義務付けられているエネルギー使用状況の定期報告に対応しようとすると、実質的には測定が必要になります（測定しなければ報告ができないため）。同様のものとして、フロン排出抑制法におけるフロン類漏えい量等の報告義務、食品リサイクル法における食品廃棄物等多量排出事業者の定期報告義務への対応などがあり、このような報告のために行わなければいけない測定は、モニタリング対象に含めておく必要があるでしょう。

測定義務は、記録の保存義務や測定結果の届出義務とセットになっているパターンが多くみられます。このことは第８章で述べた環境影響に関する外部コミュニケーション、第９章で述べた緊急事態発生時にリンクします（詳細は各章を参照ください）。大気測定や水質測定などは、専門性を要しモニタリング技術を細かく追及するときりがありませんが、自社の環境への影響について、あるいは気になる状況（川が濁っている、悪臭がする、黒い煙が出ている）が発見されたときに、そもそも測定義務の対象であるかどうか、どの対象について何の影響がどの程度になっているのかなどについて、担当部門（又は特定の担当者）でないと一切わからないということがないように、事業者として必要な最低限の情報は一元管理しておくとよいでしょう。現場でのモニタリング結果を現場任せにせず、管理部門でも目を通すということは、測定漏れ、データの改ざんを防ぎ、また異常値の早期発見、設備老朽化などのリスクの共有といった予防処置にもつながります。

モニタリングを要求している法令の例

① 大気汚染防止法における「ばい煙量の測定義務」「VOC濃度の測定義務」「水銀排出施設に係る水銀濃度の測定義務」

大気汚染防止法のばい煙発生施設、VOC排出施設、水銀排出施設の設置者は、それぞればい煙、VOC、水銀の排出濃度について、定められた項目、頻度、方法で測定を行うことが義務付けられています（法16条、17条の12、18条の35関連）。

② 水質汚濁防止法における「排出水等の測定義務」「有害物質使用特定施設、有害物質貯蔵指定施設の定期点検」

水質汚濁防止法の特定事業場では、排出水等の汚染状態を定められた項目、頻度、方法で測定することが義務付けられています（法14条関連）。また有害物質使用特定施設・有害物質貯蔵指定施設の設置者は、地上配管の亀裂損傷等の有無について年１回以上など、構造基準に対する状態を対象施設ごとに定められた頻度で行うことが義務付けられています（法14条関連：設置した年度により異なる）。

③ 第１種特定製品の管理者の判断の基準となるべき事項（平成26年経済産業省、環境省告示第13号：フロン排出抑制法関連告示）における「第１種特定製品の点検義務」

本基準では、第１種特定製品の管理者に対して、定められた項目や頻度での簡易点検及び定期点検（一部の機器のみ）の実施が義務付けられています（告示２、３）。

④ （参考）法令で定める規制対象への該当判断のためにモニタリングが必要となる事例

●プラスチック資源循環法における「事業者としてのプラスチック使用製品産業廃棄物等の排出量」（法46条、排出事業者のプラスチック使用製品産業廃棄物等の排出の抑制及び再資源化等の促進に関する判断の基準となるべき事項等を定める命令（令和４年内閣府、デジタル庁、復興庁、総務省、法務省、外務省、財務省、文部科学省、厚生労働省、農林水産省、経済産業省、国土交通省、環境省、防衛省令第１号）４条関連）

事業者としてプラスチック使用製品産業廃棄物の排出量が250t以上である場合は、多量排出事業者として排出事業者の判断基準命令に従い排出抑制や再資源化に取り組むことが規定されています（取組みが不十分な場合、措置命令の対象となります）。多量排出事業者への該当判断のために、プラスチック使用製品産業廃棄物等の排出量をモニタリングする必要があります。

●省エネ法における「事業者としてのエネルギー使用量」「事業所ごとのエネルギー年間使用量」（法７条、10条、13条関連）

事業者としてエネルギーの年間使用量が1,500kl以上である場合は特定事業者として定期報告その他の義務の対象となります。また、事業所のエネルギーの年間使用量が3,000kl以上である場合は第１種エネルギー管理指定工場として、1,500kl以上3,000kl未満である場合は第２種エネルギー管理指定工場として、エネルギー管理者やエネルギー管理員の選任義務に対応する必要があります。特定事業者、エネルギー管理指定工場への該当判断のために、年間エネルギー使用量のモニタリングが必要となります。

●廃棄物処理法における「事業場ごとの産業廃棄物の排出量」（法12条関連）

事業者は、年間1,000t以上の産業廃棄物、50t以上の特別管理産業廃棄物を排出している事業場がある場合、多量排出事業者として減量計画の提出義務などの対象となります。該当判断のために事業場ごとの排出量のモニタリングが必要となります（マニフェストの定期報告内容で判断できます）。

●食品リサイクル法における「食品廃棄物の年間発生量」（法９条関連）

食品関連事業者として食品廃棄物の年間発生量が年間100t以上である場合、食品廃棄物等多量発生事業者として定期報告の提出義務の対象となります。該当判断のために事業者としての発生量のモニタリングが必要となります。

ISO14001活用アイディア

〈この要求事項を活用〉

9.1　監視、測定、分析及び評価

測定義務がある規制対象について、対象、測定項目、法で定める規制値、逸脱している場合の対応、実施者及び管理者、記録など関連文書の情報を一元管理する。

ISO14001の「9.1　監視、測定、分析及び評価／9.1.1　一般」では、次のように定めています。

9.1　監視、測定、分析及び評価

9.1.1　一般

組織は、環境パフォーマンスを監視し、測定し、分析し、評価しなければならない。

組織は、次の事項を決定しなければならない。

a）監視及び測定が必要な対象

b）該当する場合には、必ず、妥当な結果を確実にするための、監視、測定、分析及び評価の方法

c）組織が環境パフォーマンスを評価するための基準及び適切な指標

d）監視及び測定の実施時期

e）監視及び測定の結果の、分析及び評価の時期

組織は、必要に応じて、校正された又は検証された監視機器及び測定機器が使用され、維持されていることを確実にしなければならない。

組織は、環境パフォーマンス及び環境マネジメントシステムの有効性を評価しなければならない。

組織は、コミュニケーションプロセスで特定したとおりに、かつ、順守義務による要求に従って、関連する環境パフォーマンス情報について、内

部と外部の双方のコミュニケーションを行わなければならない。
　組織は、監視、測定、分析及び評価の結果の証拠として、適切な文書化した情報を保持しなければならない。

EMS運用組織では、自社の環境パフォーマンスについて監視し、測定し、分析し、それらの結果についての評価を行っています。例えば「監視測定一覧表」といった文書に決定して管理しているケースもあります。こうした手法を活用し、モニタリングが要求されている遵守義務について情報を一元化しておくと、「自社では最低限何をモニタリングしなければいけないか」が誰でもわかるようになります。

また、このようなモニタリング情報をどのような組織単位で管理するかについても考えておく必要があります。前述した省エネ法の定期報告の場合、報告は「事業者」として行うことになっています。複数の事業所をもつ企業では、それぞれの事業所でエネルギー使用量をモニタリングすると同時に、報告を行う本社でも事業者として管理、把握する必要があります。

以下にモニタリング対象・項目等を整理した「モニタリング一覧表」を例示します。

図表：モニタリング一覧表の例

対象設備	項目	関連部門	測定頻度	備考
ボイラー	排出ガス量 ①　硫黄酸化物 ②　窒素酸化物 ③　ばいじん	各工場の工務部	①　常時 ②　常時 ③　５年に１回以上	大気汚染防止法16条、施行規則15条 （総量規制地域）
排水処理設備	排水の水質（汚濁負荷量） ①　化学的酸素要求量 ②　窒素含有量 ③　りん含有量	各工場の工務部	14日を超えない期間に１回 （日平均排水量150㎥＝100㎥以上200㎥未満に該当）	水質汚濁防止法14条、施行規則９条の２、○○県条例 （総量規制地域）
年間エネルギー使用量	①　重油使用量 ②　軽油使用量 ③　都市ガス ④　電気使用量 ※本社は全工場分を集計し、事業者分としてモニタリング	本社管理部 各工場の総務部	年度使用量 （月次ごとにモニタリング）	省エネ法
廃棄物	①　産業廃棄物排出量 ②　事業系一般廃棄物排出量	本社管理部 各工場の総務部	年度使用量 （月次ごとにモニタリング）	廃棄物処理法

図表：多くの事業者に関連する環境法と要求事項の関係の例（測定）

法律名	規制内容の例（カッコ内は法律の条項）
フロン排出抑制法 （第１種特定製品の管理者、廃棄等実施者の場合）	（使用時）第１種特定製品の点検の実施（告示２）※1
大気汚染防止法 （ばい煙発生施設の場合）	ばい煙量等の測定（法16条）
水質汚濁防止法 （特定事業場（特定施設を設置する事業場、有害物質使用特定施設、有害物質貯蔵指定施設）の場合）	排出水、特定地下浸透水の汚染状態を測定（法14条） 有害物質使用特定施設、有害物質貯蔵指定施設の定期点検（法14条）
下水道法 （公共下水道を利用する事業者の場合）	水質の測定義務（法12条の12）
浄化槽法 （浄化槽を設置する事業者の場合）	使用開始後の指定検査機関による検査（法７条） 年１回の指定検査機関による検査（法11条）
プラスチック資源循環法 （排出事業者の場合）	排出の抑制及び再資源化等の実施状況の把握（基準命令８）※2
化管法 （第１種指定化学物質等取扱事業者の場合）	第１種指定化学物質の排出量及び移動量を把握（法５条）

※１　告示＝「第１種特定製品の管理者の判断の基準となるべき事項」（平成26年経済産業省、環境省告示第13号）

※２　基準命令＝「排出事業者のプラスチック使用製品産業廃棄物等の排出の抑制及び再資源化等の促進に関する判断の基準となるべき事項等を定める命令」（令和４年内閣府、デジタル庁、復興庁、総務省、法務省、外務省、財務省、文部科学省、厚生労働省、農林水産省、経済産業省、国土交通省、環境省、防衛省令第１号）

第11章

「しくみの最新化」をチェックする

法改正対応・監査のしくみ

よくあるダイアローグ

POINT！

法令遵守は一時的な状態に終わらず、連続的に維持していくことが大切です。そのためには定期的に点検を行い、コンプライアンスにほころびや緩みがあれば放置せず修正しておきましょう。

チェックシート

□法改正情報はどのように調査していますか？　最新の情報を入手し管理していますか？
例：各省庁のウェブサイト、法改正情報提供サービスをもとに年１回（４月）見直しを行っている。
□第２章で整理した規制対象について、人数や種類、面積、数量などの変更をいつ、どのように把握していますか？　最新の情報になっていますか？
例：年度始めに現状の一斉点検を行い、最新化している。そのほか、設備導入時は予算段階で適用法規制を調査している。
□第３章で決定した選任義務のある役割について、組織改編や交代などの変更をどのように反映していますか？　最新の情報になっていますか？
例：人事異動がある４月と10月に環境管理体制の変更が必要かチェックをしている。
□第４章で整理した選任義務のある役割に求められる公的資格について、どのように把握していますか？　現在、不足することなく確保できていますか？
例：公害防止管理者の資格保有者が１名定年退職した。エネルギー管理士の資格保有者が他工場に異動となった。資格保有者はそれぞれ２名いたので交代に問題なかったが、１名に減ったため、今後養成を計画している。
□第５章で決定した策定義務のある計画は、自社の実態に即して立案されていますか？　取組みは計画的に行われていますか？　最新の状態で把握していますか？
例：法令順守と連動させて、エネルギー使用量の削減、プラスチック使用産業廃棄物等の排出削減に取り組んでいる。取組み状況は月ごとにモニタリングし、現在のところ計画どおりに成果をあげている。
□第10章で決定した測定義務の対象について、決められたとおりに測定や点検が行われ、必要な記録が残されていますか？
例：大気汚染防止法の届出対象であるボイラー（ばい煙発生施設）及び水質汚濁防止法の届出対象である排水処理設備（特定施設）については、それぞれの手順に従い測定を行い、記録を３年間保存している。

□法令で義務付けられている措置義務（運用）はもれなく社内でルール化されていますか？　それらの社内ルールに従って規制対象を管理していますか？　現場で対応するすべての人に伝わっていますか？
例：運用手順書の作成時には順守義務の内容を確認している。また監査時には必要に応じて順守義務と運用手順書の突合確認、現場の実態観察及び担当スタッフへのヒアリングを行い、順守義務のための運用が適切であることを確認している。
□順守義務で義務付けられている行政報告や届出は、第８章で整理した方法で適切に行われていますか？
例：規制対象に関する新規及び変更の届出は、規制対象の４月見直し時に追加・変更を確認し、届出が行われている。省エネ法など各種の定期報告は、年間スケジュールに従って計画的に提出が行われている。緊急事態は過去１年発生がなく、これに伴う通報、報告、届出は該当がない。監査時に同様の確認を行っている。
□順守義務で想定する事故時の措置は、緊急事態の対応手順に漏れなく含まれていますか？　手順の有効性は検証されていますか？
例：監査時には順守義務と緊急事態一覧を突合し、事故時の措置が緊急事態一覧に過不足なく記載され、対応手順書の中に順守義務で求められる措置、届出、通報などが含まれていることを確認している。また手順の内容が有効であることについては、訓練に基づき検証している。
□第10章で決定した規制対象の測定義務や点検義務について、定められた項目、頻度、方法で行われていますか？　結果は順守義務で定める基準に対してどのように評価されていますか？
例：監査時には順守義務とモニタリング一覧表を突合し、順守義務で必要なモニタリングが一覧表に含まれていることを確認している。モニタリング結果が規制値内であることを担当者と管理者により確認し、基準値内であってもリスクがある場合は欄外に対応の検討指示や注意喚起を記載している。いずれのモニタリング結果も順守義務を満たした状態である。

第11章

「しくみの最新化」をチェックする
～法改正対応・監査のしくみ

解説

法令遵守しているか、チェックしないと…

本章の「よくあるダイアローグ」では、再び社長が登場します。第２章のダイアローグで、社長からコンプライアンス体制強化の大号令がかかって１年。その成果について報告が求められています。課長も担当者も「社内の改革のためにやるだけのことはやった」という自信はあるのですが、実際に法令遵守の状態になっているかの最終確認を忘れていました。現場からは違反しているという報告もないので、大丈夫ということだろうと回答しますが、果たしてきちんと保証できるか、内心はちょっと心配なようです。

「自社の環境コンプライアンスができているか不安だ」「○○の状態だけど大丈夫だろうか」ということは、どの企業でも気になるところです。EMSの外部認証を受けている企業では、内部監査や外部審査で法令不遵守や違反リスクが指摘されることがあります。そうなると直ちに「事が大きく」なり、指摘を受けた法令以外は大丈夫だろうか、と担当者や管理者の不安は高まります。

一方、EMSを構築していない企業の場合は、なかなか自主的な法令チェックの機会がありません。そのため「担当者は現場を熟知しているベテラン社員だから大丈夫」、「最新設備だから大丈夫」、「いままで違反と言われたことがないから大丈夫」というように、違反していない（であろう）理由を追求しますが、そのような判断の多くは根拠に乏しく、客観性がないのが実態です（残念ながら、EMS運用企業であっても、このような状態がないとはいえません）。

遵守の状態であるかわからないと違反状態があった場合それが継続してしまいます。ある日行政の立入検査に至ったり、事故や災害が発生したりした場合に初めて法令遵守していないことが発覚するようなことも、めずらしくありません。

では、「わが社のコンプライアンスの状態」について合理的に説明するためには、何が必要なのでしょうか。

コンプライアンス評価の3つのポイント

コンプライアンス評価は、次頁の図表の通り、法令に定められた規制内容、規制への対応状況、そして規制に対応するための管理の状況、この3点から行うことができます。

ここでちょっと環境監査の考え方をご紹介します。ISO14001の内部監査や外部審査は、「監査基準（例えばISO14001規格など）」と「監査証拠（確認した事実）」を照合し、基準に対してできていること、できていないことの差分を評価結果（監査結論）とするものです。コンプライアンス評価でも、同様の「基準」「確認した証拠」の組み合わせで行うことができます。その場合の基準は法令や条例の規制事項としてよいでしょう。

ただし、ここで問題なのは、単に「その法律を守ることができているか」の確認に留まってしまうと、「実は何も管理していなかったのに、たまたま法令違反ではなかった」という状況でも「問題なし」となってしまうことです。また、「現在時点で法令違反がないか」だけを重視しても、環境コンプライアンスは万全になりません。「法令違反状態」は管理の最終的な結末にすぎず、遵守のしくみのどこに脆弱性があるかを突き止めなければ、同じ違反や類似の違反が繰り返されることになってしまいます。

企業経営として法令違反リスクをなくしたいのであれば、法令違反が「ない」ことの確認ではなく「起こらない」ことの確認を目指すことが望ましく、そのためには遵守の状態だけでなく管理の状態も評価し、リスクの発見と予防につなげることが必要でしょう（その場合、EMS構築組織の場合は内部監査の目的の1つに順守義務への対応状況の確認を加え、そうでない組織の場合はコンプライアンスのための自社ルール（文書などで共通認識になっているもの）をベースにするとよいでしょう）。

図表：コンプライアンス評価は、法規制に対して、守れている実態と、管理できている実態を確認・評価する

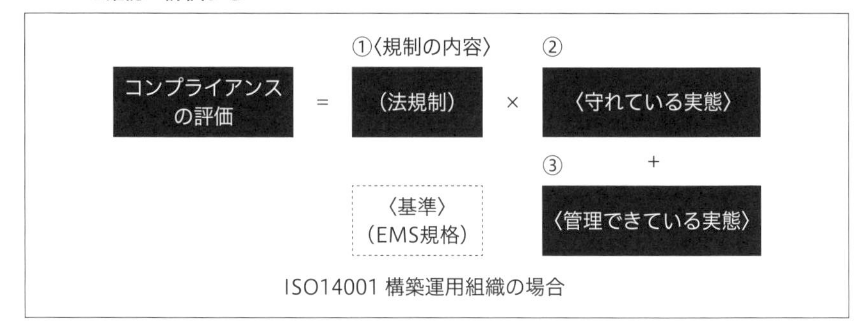

では、この３つのポイントについて一つひとつみていきましょう。

規制の内容―改正を反映した最新の内容に基づくこと

法令には改正があります。また、新しい環境課題に対応して新法が制定されることもあります。例えば最近の法改正では、次のようなものがあります。

図表：最近の法改正の例

2017年　廃棄物処理法改正（施行は2020年４月）	特別管理産業廃棄物多量排出事業者の一部に対して、電子マニフェストが義務化された。
2019年　フロン排出抑制法改正（施行は2020年４月）	第１種フロン類廃棄等実施者に対する第１種フロン類充塡回収業者へのフロン類の引き渡し義務及び違反した場合の罰則が設けられた。
2020年　大気汚染防止法改正（施行は2021年４月）	建築物等の解体等工事における石綿の飛散防止のため、規制対象とする石綿含有建材の範囲拡大や建築物の解体等工事への規制強化が行われた。
2021年　プラスチック資源循環法制定（施行は2022年４月）	使用済みプラスチックの再生利用等を目的として新法制定。プラスチック使用製品の設計・製造、提供、廃棄を行う場合の指針や判断基準が整備された。

2021年　地球温暖化対策推進法改正（施行は2022年４月）	パリ協定、2050年カーボンニュートラル宣言等を踏まえた基本理念が創設され、企業の排出量情報のデジタル化・オープンデーター化の推進に向けた改正が行われた。
2022年　省エネ法改正（施行は2023年４月）	法律名が「エネルギーの使用の合理化及び非化石エネルギーへの転換等に関する法律」に改正されるほか、エネルギーの定義に非化石エネルギーが追加され、特定事業者に対する非化石エネルギーへの転換に関する中長期的な計画作成、電気の需要の最適化に関する対応等が追加された。

このように、事業者が遵守しなければならない法規制の内容は、事業者の活動に変化がなくても法改正により変わることがあります。改正前の（古い）規制に基づいた運用を続けていると、違反するつもりがなくても知らないうちに法令未対応の状態となってしまいます。また、コンプライアンス評価においても、評価基準とする法令のバージョンが最新でないと、未対応の実態があってもリスクとして発見することができません。

守れている実態——順守義務への対応状況は、証拠主義で確認

法令が遵守されている状態になっていることを確認するには、それを示す証拠が必要です。例えば届出義務であれば、届出日はいつか、届出者は誰か、どのような内容の届出を行ったかを示す必要があるでしょう。受領印が押された届出書の控えなどがあれば有効です。電子システムによる申請の場合、完了通知のメールや申請画面などでカバーできます。有資格者の配置義務であれば、資格免状（エネルギー管理士など）の控えで、資格者氏名、資格取得年月日を確認することができます。測定や点検義務などは測定日、測定項目、測定結果、実施者などを示す必要がありますので、これらが記載されている測定記録などがあれば有効でしょう。その他、「高温を避けること」「飛散・流出しないこと」など現場管理に対する対応状況は、定期的なパトロールを行っていればその記録で確認するほか、コンプライアンス評価を実施する際、実際に現場確

認をしてもよいでしょう。

管理できている実態――遵守できる管理状態は、全ての管理の要素を総合点検

遵守できる管理状態になっているかについては、本章の第２章から第10章のチェックシートに基づいて確認するとよいでしょう。もちろん、EMSを構築している場合は、内部監査などの機会に確認することもできます。例えば、コンプライアンス評価を内部監査の重点項目として、現在のしくみがコンプライアンスを維持できるものとして有効かを評価し、管理のルールとして追加すべきものがないかチェックするのもよいでしょう。

チェックシートのポイント

① 法改正情報の把握、反映

規制対象に適用される法改正情報をタイムリーに、確実に入手する方法を確保しておくことが不可欠です。これは、法令担当者をもっとも悩ませるポイントの一つかもしれません。情報入手手段には、各省庁のウェブサイトや法令情報提供サービス、書籍などがありますが、担当者は、「その内容は自社の遵守義務対応に新たな変更を求められるものか？」ということまで判断する必要があります。

② 実態について最新状況の把握

実際に遵守の状態になっているかどうかを確認するためには、「実際にどのような状態なのか」を正確に把握できなければなりません。規制対象、組織体制、力量、運用方法について最新状態が把握されず、抜け漏れがあったり、記録が確認できなかったり、設備等の所有状況や業務委託の関係が不明瞭であったりすると、間違った評価をしてしまいます。次頁の図表で、実態の把握が不十分な状態を例示します。

図表：実態の把握が不十分な例

■規制対象の一部が把握されていない
洗浄に使用されていた塩化メチレン（ジクロロメタン）は、「現在使用なし」として原材料リストには記載されていなかったが、実際には一部の金属加工工程で保管・使用されていた。
➡ジクロロメタンは化管法の第１種指定化学物質としてPRTR届出の対象となる物質です。また労働安全衛生法（特定化学物質障害予防規則）の特別有機溶剤として管理が必要な物質です。原材料リストに掲載されていないと、順守評価の対象から抜け落ちてしまいます。

■適用される状況が把握されていない
フロン排出抑制法の規制対象である第１種特定製品のリストには業務用エアコン10台が登録されているが、実際にはそのうち２台は廃棄されていた
➡第１種特定製品の廃棄時には、第１種フロン類充填回収業者へフロンガスを引き渡すことが義務付けられていますが、廃棄した事実が確認できないと、廃棄時の法的対応について確認・評価できません。

■所有・管理者であるかが把握されていない
敷地内に地下タンクがあり軽油の貯蔵をしているが、管理者が敷地所有者か、敷地を利用している自社なのか、担当者の認識が不明であった。
➡自社の管理の対象となるものかが把握されていないままコンプライアンス評価を行うと、不要な評価、又は間違った評価をしてしまう可能性があります。

③ 管理実態の把握

環境マネジメントに必要な管理項目、すなわち、規制対象や組織体制の整理、対応能力（力量）の確保、取組みの決定、行政とのコミュニケーション、

文書の整備といった事項の具体的な方法（いつ、誰が、どのように、何を）は、企業がそれぞれの事業特性に応じて決定し、実行されます。その方法が有効であれば環境コンプライアンスは問題ないでしょう。しかし、管理項目の一部が行われていなかったり、あまり適切ではなかったりすると、法的対応としてやるべきことが行われず、またやってはいけないことが行われてしまうことにつながってしまいます。

コンプライアンス評価でこのような「しくみの欠点」を洗い出すためには、評価者が確認できる程度に、管理のしくみが整理されている必要があります（しくみがわかりにくい、あるいはしくみがないと評価者が判断した場合は、そのこと自体が管理上の課題になるかもしれません）。

環境法ではどうなっているか――法改正動向は、審議会情報などで追う

時間軸を追って法令の制定や改正のプロセスを知っておくことは重要です。法律は法律案が国会に提出され、審議を経て、可決された場合は成立します。この流れはよく知られるところですが、多くの場合、国会に提出される前に審議会などで審議され、作成された法案は答申・報告・中間とりまとめなどの段階を経ることになっています。またこの間には「パブリックコメント」といって広く国民から意見を募るということも行われます。

また、法令条文ではありませんが、第７章で解説した運用を規定する措置義務などの中に、取組み状況の確認などを設けているものがあります。

順守評価の実施を設けている法令等の例

① 省エネ法に基づく「工場等におけるエネルギーの使用の合理化に関する事業者の判断の基準」（法５条、平成21年経済産業省告示第66号）

本基準のⅠ-１にはすべての事業者が取り組むべき事項が定められています。この中に、順守評価に相当するものとして、(6)「取組方針の遵守状況の確認」、(7)「取組方針の精査等」、(8)「文書管理による状況把握」があります。

図表：工場等におけるエネルギーの使用の合理化に関する事業者の判断の基準（抜粋）

Ⅰ　エネルギーの使用の合理化の基準

Ⅰ－１　全ての事業者が取り組むべき事項

(1) 取組方針の策定

(2) 管理体制の整備

(3) 責任者等の配置等

(4) 資金・人材の確保

(5) 従業員への周知・教育

(6) 取組方針の遵守状況の確認等

事業者は、客観性を高めるため内部監査等の手法を活用することの必要性を検討し、その設置している工場等における取組方針の遵守状況を確認するとともに、その評価を行うこと。なお、その評価結果が不十分である場合には改善を行うこと。

(7) 取組方針の精査等

事業者は、取組方針及び遵守状況の評価方法を定期的に精査し、必要に応じ変更すること。

(8) 文書管理による状況把握

事業者は、(1)取組方針の策定、(2)管理体制の整備、(3)責任者等の配置等、(6)取組方針の遵守状況の確認等及び(7)取組方針の精査等の結果を記載した書面を作成、更新及び保管することにより、状況を把握すること。

② 食品リサイクル法に基づく「食品循環資源の再生利用等の促進に関する食品関連事業者の判断の基準となるべき事項」（法７条関連、平成13年財務省、厚生労働省、農林水産省、経済産業省、国土交通省、環境省令第４号）

本基準の第15条「再生利用等の実施状況の把握及び管理体制の整備」では、

食品関連資源の再生利用等の状況の把握を行うことが規定されています。本基準に従って再生利用等が行われているかを確認・評価する枠組みと考えられます。

③ 廃棄物処理法に基づく「排出事業者責任に基づく措置に係るチェックリスト」

排出事業者の産廃不適正処理の防止を目的として国が都道府県及び政令市に発行した通知「排出事業者責任に基づく措置に係る指導について（通知）」（平成29年6月20日　環産廃発第1706201号）には、廃棄物処理法の下で排出事業者が講ずべき措置をチェックリストとして整理した「排出事業者責任に基づく措置に係るチェックリスト」が添付されています。

ISO14001活用アイディア

〈この要求事項を活用〉

9.1.2　順守評価

9.2　内部監査

コンプライアンスの状態についてセルフチェックし、問題があった場合は是正を行う。

第1章～9章全体について実態を確認し、環境コンプライアンスが「できるしくみ」になっているかどうか評価し、問題があった場合はしくみの改善を行う。

順守評価や内部監査の結果は必ず経営層に報告する。

ISO14001の「9.1.2　順守評価」では、次のように定めています。

> **9.1.2 順守評価**
>
> 組織は、順守義務を満たしていることを評価するために必要なプロセスを確立し、実施し、維持しなければならない。
>
> 組織は、次の事項を行わなければならない。
>
> a）順守を評価する頻度を決定する。
>
> b）順守を評価し、必要な場合には、処置をとる。
>
> c）順守状況に関する知識及び理解を維持する。
>
> 組織は、順守評価の結果の証拠として、文書化した情報を保持しなければならない。

EMS運用組織では、順守義務を満たしていることを定期的に確認・評価することになっています（順守評価）。順守評価の手順には、発見された順守義務への未対応、逸脱といった問題点は修正や改善を行うことが含まれています。

計画的・継続的に行うというところがポイントであり、実施時期、評価者、評価の基準（順守義務の具体的項目）、結果の記録と報告方法、逸脱があった場合の対応などを決めて行われます。また当然ですが、順守評価を行うために、順守義務の内容を把握・理解しておくことが必要です。

また、ISO14001の「9.2　内部監査」では、次のように定めています。

> **9.2 内部監査**
>
> **9.2.1 一般**
>
> 組織は、環境マネジメントシステムが次の状況にあるか否かに関する情報を提供するために、あらかじめ定めた間隔で内部監査を実施しなければならない。
>
> a）次の事項に適合している。
>
> 1）環境マネジメントシステムに関して、組織自体が規定した要求事項

2）この規格の要求事項

b）有効に実施され、維持されている。

9.2.2　内部監査プログラム

組織は、内部監査の頻度、方法、責任、計画要求事項及び報告を含む、内部監査プログラムを確立し、実施し、維持しなければならない。

内部監査プログラムを確立するとき、組織は、関連するプロセスの環境上の重要性、組織に影響を及ぼす変更及び前回までの監査の結果を考慮に入れなければならない。

組織は、次の事項を行わなければならない。

a）各監査について、監査基準及び監査範囲を明確にする。

b）監査プロセスの客観性及び公平性を確保するために、監査員を選定し、監査を実施する。

c）監査の結果を関連する管理層に報告することを確実にする。

組織は、監査プログラムの実施及び監査結果の証拠として、文書化した情報を保持しなければならない。

内部監査は、順守評価と同様に自社のセルフチェックを行うものですが、管理のしくみに注目して行う「システム監査」であるところが特徴です。監査員が文書確認やヒアリング、現場確認を通じて被監査組織の管理のしくみについて確認・評価し、課題を発見するものです。

実際のところ客観性・公平性を保ちながら、時に同じ会社の組織に対して、「痛いところをつく」指摘をするのは、心情的になかなか難しいこともあります。しかし、環境コンプライアンスのしくみにテーマを絞った監査においては、「ここで発見されないと次の発見の機会は行政指導になる」というつもりで、監査員も被監査組織も、お互いのために緊張感をもって臨むことが望ましいでしょう。

ISO14001の「9.3　マネジメントレビュー」では、次のように定めて、法令順守の結果や内部監査の結果についてもトップマネジメントへの報告を求めています。

9.3 マネジメントレビュー

トップマネジメントは、組織の環境マネジメントシステムが、引き続き、適切、妥当かつ有効であることを確実にするために、あらかじめ定めた間隔で、環境マネジメントシステムをレビューしなければならない。

マネジメントレビューは、次の事項を考慮しなければならない。

a）前回までのマネジメントレビューの結果とった処置の状況

b）次の事項の変化

1）環境マネジメントシステムに関連する外部及び内部の課題

2）順守義務を含む、利害関係者のニーズ及び期待

3）著しい環境側面

4）リスク及び機会

c）環境目標が達成された程度

d）次に示す傾向を含めた、組織の環境パフォーマンスに関する情報

1）不適合及び是正処置

2）監視及び測定の結果

3）順守義務を満たすこと

4）監査結果

e）資源の妥当性

f）苦情を含む、利害関係者からの関連するコミュニケーション

g）継続的改善の機会マネジメントレビューからのアウトプットには、次の事項を含めなければならない。

－環境マネジメントシステムが、引き続き、適切、妥当かつ有効であることに関する結論

－継続的改善の機会に関する決定

－資源を含む、環境マネジメントシステムの変更の必要性に関する決定

－必要な場合には、環境目標が達成されていない場合の処置

－必要な場合には、他の事業プロセスへの環境マネジメントシステムの統合を改善するための機会
－組織の戦略的な方向性に関する示唆
組織は、マネジメントレビューの結果の証拠として、文書化した情報を保持しなければならない。

これも重要なポイントです。環境法違反は現場で生じ、未発見、違反の放置、判断の誤りによって影響が拡大し、最終的には経営を脅かします。経営者は、取り返しのつかない事態になってから初めて、自社における不十分な管理実態や継続的に違反していた事実を知るのでは手遅れなのです。したがって、順守評価や内部監査での結果を経営層に報告することは持続可能な経営に必要不可欠といえます。

EMS運用組織では、順守評価や内部監査の結果を経営層に報告するしくみになっています。このしくみによって、経営層は潜在的なものも含め自社の法的リスクを正しく認識し、今後の経営方針を決めていくことができるのです。

図表：多くの事業者に関連する環境法と要求事項の関係の例（法改正対応・監査）

法律名	規制内容の例(カッコ内は法律の条項)
省エネ法 （特定事業者の場合）	取組方針の遵守状況の確認等※1
廃棄物処理法 （産業廃棄物・特別管理産業廃棄物の排出事業者で、処理業者に処理を委託する場合）	排出事業者責任に基づく措置に係るチェックリスト※2

※1　取組方針の遵守状況の確認等＝「工場等におけるエネルギーの使用の合理化に関する事業者の判断の基準」（平成21年経済産業省告示第66号）に規定。
※2　排出事業者責任に基づく措置に係るチェックリスト＝排出事業者責任に基づく措置に係る指導について（通知）（平成29年６月20日環廃産発第1706201号）別添（公表時以降の法改正を反映したものではないため、内容現在は注意が必要）

付録

環境法令遵守チェックシート

こちらの「環境法令遵守チェックシート」は、第２章～第11章までの冒頭にあるチェックシートを集約したものです。
環境コンプライアンス維持のために必要な管理項目ごとにまとめたチェックシートを一度に確認できますので、遵守事項の抜け漏れの確認等、環境管理のツールとしてお役立てください。

第２章　「規制対象」をチェックする〜管理対象をさがすしくみ　チェックシート

□工場や事業所の所在地はどこですか？
例：○○県○○市○○１－１－１ 上記のほか、○○県○○市○○に倉庫、販売店あり
□敷地面積や建築物の総面積はどのぐらいですか？
例：敷地面積は35,000㎡　建築面積は12,000㎡
□事業活動はどのようなものですか？
例：合成樹脂製造業、印刷業、情報サービス業…
□いつから操業していますか？　吸収合併や分社化などの履歴はありますか？
例：1968年に株式会社○○を合併し、1970年11月から○○会社として操業している。
□常時雇用している従業員は何名ですか？
例：300人
□操業時間はどのようになっていますか？
例：月〜土曜日：９：00〜20：00
□代表者の役職・氏名、就任時期はどのようになっていますか？
例：代表取締役社長　○○ ○○（2020年４月〜） 工場長　○○ ○○（2020年４月〜）

□事業所の敷地内にはどのような設備（ユーティリティ）がありますか？　会社として所有し、管理責任がありますか？
例：排水処理設備、受電設備、空調設備、廃棄物保管場所、受電設備、浄化槽、給水施設 いずれも自社所有施設であり、管理責任がある。
□事業所の敷地内に、他の事業所と敷地を共有している設備はありますか？　会社として所有し、管理責任はありますか？
例：テナント、販売店舗、物流倉庫、ガソリンスタンド 自社ビルの１Fにテナントが入居している。廃棄物置場、清掃、電気・水道などの管理は不動産会社が行っている。
□（製造業の場合）事業活動に必要な設備にはどのようなものがありますか？
例：原料処理施設、蒸留施設、焼結炉、混合施設
□（製造業の場合）原材料・資材にはどのようなものがありますか？（薬品類・洗浄剤等がある場合）保管量はどのぐらいですか？
例：梱包材、洗浄剤、試薬、潤滑油、添加剤
□（事務所の場合）オフィスワークでは何を使用していますか？
例：パソコン・タブレット、テレビ、営業車
□事業場で使用している燃料・エネルギーは何ですか？　貯蔵量・使用量はどのぐらいですか？
例：重油、軽油、灯油、都市ガス、LPG、電気
□事業を継続する上で、今後どのようなことが計画・予定されていますか？
例：建屋の解体、改築、新築、新製品の製造、生産設備の更改

第３章 「管理体制」をチェックする～役割・責任・権限のしくみ チェックシート

□事業活動を行う「事業者」と「事業場」は、どのような組織体系になっていますか？
例：○○株式会社、○○販売店 ○○株式会社　○○工場 ○○株式会社、○○事業所、○○工場、○○営業所、○○支社 ○○株式会社○○事業部、○○ショップ（直営店）、○○ショップ（フランチャイズ加盟店） ○○株式会社（単一事業場）
□事業活動を行う「事業場」には、どのようなものがありますか？
例：□□支社（○○県○○市）、○○営業所（○○県○○市）、△△工場（○○県○○市）
□それぞれの事業場は、どのような組織構成になっていますか？
例：所長、総務課、営業課、製造課、品質管理課
□本社と各事業場ごとに、環境管理の全体責任者は明確になっていますか？
例：代表取締役社長、事業部長、工場長　など
□規制対象となる設備、原材料、産業廃棄物、エネルギーなどごとに、管理責任者や対応者は明確になっていますか？
例：設備課長（排水処理設備）、工務課長（危険物）、総務課長（廃棄物）、品質管理課長（毒劇物）　など

□規制対象の管理を外部委託している場合、委託管理の責任者は明確になっていますか？（契約の担当者、指導監督者が異なる場合はそれぞれの役割が明確になっているか？）
例：ユーティリティの業務委託を行っている（3社）。契約課にて契約内容を決定し、現場の委託管理は総務課長が責任者となっている。
□規制対象の管理責任者や対応者が誰か（どこの部署か）、関係者は知っていますか？（外部委託業者も含む）
例：業務所掌一覧などの文書がある、現場に掲示がある、少人数なので改めて確認しなくてもわかる　など
<MEMO>

第４章　「対応能力」をチェックする～力量確保のしくみ チェックシート

□規制対象となる設備や薬品、廃棄物等について、管理に必要な対応能力を決定していますか？
例：必要事項が記載された手順書を整備して決定している。担当者には必要事項が記載された手順書どおりに現場運用することを求めている。
□対応能力を確保するため、どのようなことをしていますか？
例：担当者は年１回研修を行い、手順書の内容を習得させている。テストにより習得を確認している。 複数担当制をとっており、現場経験で熟練者から習得している。所定の年数経験を積んだ場合、交代するようになっている。 外部委託している。
□対応能力の確保状況を、どのように管理していますか？
例：社員一人ひとりについて、身につけたスキル、習得日、習得方法を管理している。 紙での記録や保管管理が不要となる電子申請に切り替え、必要な対応を自動化していく予定だ。
□スキルをもって業務にあたることができる人は、十分確保されていますか？
例：次年度以降、退職者が続く見込みなので、人員減に対して補充する必要がある。
<MEMO>

<MEMO>

第５章 「取組み」をチェックする〜目標管理のしくみ チェックシート

□持続可能な経営を目指すとき、会社として現在どのような課題がありますか？（市場の新しい動向、社内の人材育成、設備の更新、事故やトラブルの原因となるもの、資金調達）
例：原料及びエネルギー価格の高騰。 後継者育成。 製造設備の老朽化。
□事業活動を行う上で、解決していない（又はトラブルが起きそうな）環境への影響はありますか？
例：排水処理施設が老朽化して、水質が安定していない。 業務量が倍増して産廃の量が昨年度比倍増した。 調達している原材料は天然資源を使用しており、取引先から代替品を要求されている。 騒音の苦情がある。
□事業活動を行う上で、気候変動がもたらす環境変化（高温化や気象災害など）やその他の自然現象は、会社の事業活動に支障を与えていますか？　影響がある場合、どのようなことですか？（今後予想されることも含む）
例：台風による物流遅延があった。 夏期の異常気象による従業員の健康維持が難しい。 海水温が上昇し、従来の養殖技術では対応できない　など
□会社の事業活動に対して寄せられる期待や要求として、誰から、どのようなものがありますか？
例：プラスチック使用製品の使用を抑制することを施設利用者から期待されている。 近隣住民から緑地の適正維持を期待されている。 資金調達先（銀行）から脱炭素経営を期待されている。

□環境への取組みとして、ゴールを設けてチャレンジするテーマにはどのようなものがありますか？それは何をいつまでに、どのようにすることですか？（会社全体として、事業所として、組織として）本章のチェック項目と、第２章で整理した法規制対象をもとに決定してください。

例：今年度中に、会社全体として電力使用量の２％削減。
使い捨てプラスチック製品を２アイテム減らす。
工場敷地内の緑地の生物多様性を樹種ベースで２割向上する。
電子マニフェストに全面移行する。

<MEMO>

第６章 「情報」をチェックする〜文書・記録管理のしくみ チェックシート

□第２章で整理した規制対象に関する情報は最新の状態で整理されていますか？
例：部署ごとに一覧化している。 会社全体で、設備や原材料などの区分ごとに一覧化している。 年１回見直しをしている。新たな設備投資等があった場合も見直しをしている。
□第３章で決定した環境管理の役割や責任は、関係するすべての人が参照できるようになっていますか？
例：会社の業務所掌の中に、環境管理上の役割を含めて記載している。 現場で顔写真入りの掲示をしている。 新入社員や異動社員に対してはその都度説明している。 年１回、掲載情報の見直しを行い、担当者交代を反映させている。
□第４章で整理した法令順守に必要な能力（資格等）について、社内の有資格者等はもれなく把握できていますか？
例：社内文書で一覧化している。 人材管理システムに含めて管理している。
□第５章で決定した環境への取組み（目標）は、取り組むメンバーにゴールや実施方法、スケジュールなどが伝わっていますか？　達成状況はタイムリーに情報共有できていますか？
例：その他のテーマとともにプロジェクトマネジメントされ、関係者は全員サーバー内のファイルにアクセスし、月ごとの状況を確認できる。 環境目標は研修時の資料に含まれ、データ又は紙媒体で確認する。進捗管理は月ごとの会議資料の中で報告される。
□第７章で確認した現場の運用ルールは過不足なく整備され、使う人が参照しやすい情報ツールで提供されていますか？　理解されやすい表現になっていますか？　内容は最新化されていますか？　過去のルールのままであるなど、現場に誤解や支障をきたす状況はありませんか？
例：現場管理に必要な事項は「手順書」にまとめられ、年１回見直しをしている。 エクセル又はワードファイルで作成され、サーバ内に保管し現場のタブレット端末で参照できる。 日本語のほか、現場で働く外国籍従業員が理解できるよう、外国語表記や絵文字表記、画像表示などをしている。 決められた運用ルールどおりに実施できているか確認するため、作業ごとにチェックリストがある。

□第８章で一元管理する行政への報告や届出等について、提出物の控えは後から追跡可能な状態で保管されていますか？　散逸や漏えいを防ぐための管理者は明確ですか？
例：法令ごと、種類ごとにファイルに綴り、法的対応を行う部署でそれぞれ保管している。 すべて電子文書化しサーバーに保管の上、その他の情報とともに情報管理者が管理している。 文書名、保存方法、保存期間、管理部署の一覧を作成している。
□第９章で確認した緊急事態（環境リスク）は、関連するすべての人が認識できるように情報共有されていますか？　発生した場合の手順は現場の運用ルールとして理解されやすい表現になっていますか？　必要な時に見やすいところで確認できるようになっていますか？
例：その他の運用ルールと同じように手順書がある。 緊急事態の発生源となる設備や保管場所に掲示をしている。
□第10章で整理した測定対象は、測定実施者だけでなく管理者が把握できるようになっていますか？　測定結果は、誰がいつ行ったかも含め、正確に記録され、記録は後から参照しやすいように保管されていますか？
例：すべてサーバー上の所定のファイルに入力するシステムになっている。 測定や点検結果は紙のシートに記載し、年度ごとにファイルに綴り、保管している。
＜MEMO＞

第７章　「現場」をチェックする〜運用管理のしくみ チェックシート

□第２章で決定した規制対象について、どこの現場でどのように対応するか把握していますか？

例：品質管理で使用する試薬（毒物や劇物）について、毒物劇物取締法に基づき、担当部署のリーダーは職場にある鍵のかかった保管庫で保管し、容器等には「毒物」「劇物」の表示をすることになっている。

□関係者が誰でも同じように対応できるように、ルールは明確になっていますか？

例：業務ごとに作成している手順書に、法令対応項目が含まれている。
画像つきの手順フローを作成し、作業現場に掲示している。
保管場所には保管物の種類、保管数量を明示している。
スタッフの中には外国籍の人もいるため、手順を多言語で表記している。
行政報告の提出期限について、会社の年間スケジュールに組み込んでいる。

□遵守義務への対応を外部委託している場合、依頼や報告徴収、指導を行っていますか？

例：発注書、仕様書の中に、具体的な依頼事項を記載している。
入場前教育を行っている。
毎日ミーティングを行い、実施状況を確認し、必要な指示をしている。
業務完了時に文書で報告を受けている。

□対応に抜けや漏れがないように、工夫をしていますか？

例：作業ごとのチェックリストがあり、複数人でチェックをしている。
法定基準値を超過すると、自動的にアラームが作動するようになっている。
期日が近くなるとPC上でリマインド通知がくるようにしてある。
複数名で確認している。

□第２章で決定した規制対象について該当がある場合、調達段階や設計・開発段階での管理がされていますか？
例：非化石エネルギーに転換した。 産廃となるプラスチックを減らすために、容器を設計変更した。 設計案は、デザインレビューで環境評価を行っている。
□人や製品が変わった場合やそのルールでは上手くいかない場合、ルールの修正・見直しを行っていますか？
例：定期的に有効性のチェックをしている。 担当者やチームメンバーから改善提案を行っている。
＜MEMO＞

第８章 「届出」「報告」をチェックする～行政対応のしくみ チェックシート

□第２章で整理した規制対象となる設備や機械などについて、設置等の許可や届出は提出され、その記載内容は確認できますか？　届出後、設備や機械に変更があり、届け出た内容が実態とあわないものはありませんか？
例：原料処理施設、ボイラー、浄化槽について、市へ設置の届出が提出されていることを届出控えで確認した。また今年〇月には、代表者変更に伴い変更届を提出した。
□上記のような規制対象に関する報告や届出は、いつ、誰が、どのように行うことになっていますか？
例：工場の設備や機械の新規導入、変更に関する報告・届出は工場ごとに各自治体へ行うことになっている。いずれの工場でも新規導入、変更時には完了届を本社に提出しているが、その報告内容に行政への届出日が含まれ、また届出書の控を添付するようになっている。 代表者変更時の事務対応マニュアルがあるが、その中に環境法対応として変更届の提出リストが含まれている。
□第３章で決定した環境管理の役割や責任について、必要な届出は提出され、最新化されていますか？
例：公害防止管理者、エネルギー管理統括者等について、選任届が提出されていることを届出控えで確認した。また今年７月には、エネルギー管理者の交代に伴い変更届を提出した。
□上記のような技術管理者の配置などに関する届出は、いつ、誰が、どのように行うことになっていますか？
例：選任義務のある管理者、有資格者は社内システムに登録されている。届出を担当する総務課は、社内システムへの登録完了時に送られてくる通知（メール）が来ると対応し、届出の完了をシステムに登録するようになっている。

□第５章で決定した環境への取組みや実績について、必要な行政報告を提出していますか？
例：省エネ法に基づく中長期計画、エネルギー使用状況の定期報告を７月１日に経済産業局へ、また廃棄物処理法に基づく産業廃棄物の減量等に関する計画と前年度の実施状況報告を、６月20日に○○県へ提出していることを提出受領メールで確認した。

□上記のような排出量や使用量に関する行政への定期報告は、いつ、誰が、どのように行うことになっていますか？
例：必要な定期報告、提出期限、提出方法が一覧化されている。提出までの資料の準備は、対応スケジュールに基づいて行っている。担当者が変わっても滞りなく報告できるように手順書を整備している。

□第９章で確認した緊急事態の発生はありましたか？　発生した場合、必要な届出や報告対応を行いましたか？
例：昨年、台風の影響で灯油タンクが転倒し、敷地外に灯油が流出した。消防署に通報し応急措置を行い、県に報告を行った。

□上記のような緊急事態発生時の届出や報告は、どのように行うことになっていますか？
例：届出が義務付けられている緊急事態については、緊急事態対応手順書へ必要な行政対応を記載するとともに、対応が行われたことについて事故報告書に記載するようになっている。

第９章　「事故」をチェックする〜緊急事態対応のしくみ チェックシート

□規制対象のうち、事故や漏えい、爆発など、緊急事態につながる環境リスクがあるものを把握していますか？
例：ボイラー、油水分離施設、重油タンクが該当する。
□ボイラーは、どのような場合が事故（緊急事態）に該当すると判断しますか？
例：ボイラーは、故障や破損などの事故が発生し、ばい煙又は特定物質が大気中に多量に排出された場合を緊急事態としている。
□どのような場合に、そのような緊急事態が発生すると想定していますか？
例：誤操作や手順ミスのほか、台風や地震などの自然災害の発生時を想定している。
□緊急時の対応手順は整備されていますか？
例：緊急事態につながる環境リスクについては、それぞれ緊急事態対応手順があり、年１回手順をテストし有効性を確認している。そのほか、規制対象の定期見直しの際に貯蔵量の変更や増設などの変更があった場合にも、手順が引き続き有効か確認している。
□対応されなかった場合のリスクは評価されていますか？
例：事故の想定に基づき被害規模、損失を評価している。

<MEMO>

第10章　「測定」をチェックする～モニタリングのしくみ
チェックシート

□規制対象のうち、測定義務や点検義務の対象となるものは明確になっていますか？
例：ボイラー、油水分離施設、重油タンク、排水処理設備が該当する。 産業廃棄物保管場所が該当する。
□測定・点検の項目や実施頻度はどのようになっていますか？誰が測定しますか？
例：ボイラーはSO_X、NO_X、ばいじん、有害物質（カドミウム及びその化合物）で、委託業者が２カ月に１回以上その他測定要領に定めた頻度で行っている。
□測定結果は誰が、いつ、どのように評価していますか？
例：ばい煙、排水については、測定値が地域協定に基づく規制値内であるか測定者がその都度確認し、最終的に上長が評価している。 浄化槽の法定点検は年１回業者が実施し、その結果は文書で報告されるが、内容確認は担当者が行い、対応が必要な場合は上長に報告している。 エネルギー使用状況については、工場担当者が毎月電気、重油、軽油、ガソリンの使用量を本社○○課にメールで報告している。会社全体又は工場として使用状況が前年度から増加している月は、本社から注意喚起がある。
□測定項目について、規制値はどのように把握していますか？
例：測定者が市のHPで確認している。 規制値を測定記録の様式に記載している。 測定を委託している業者の報告を再チェックしている。 自動化されたシステムを年１回チェックしている。
□測定で基準超過等があった時の対応方法はどうなっていますか？
例：超過がわかり次第、部門長に報告される。 再測定の手順がある。 発生源となる設備の担当者にフィードバックする。

＜MEMO>

第11章 「しくみの最新化」をチェックする～法改正対応・監査のしくみ チェックシート

□法改正情報はどのように調査していますか？　最新の情報を入手し管理していますか？
例：各省庁のウェブサイト、法改正情報提供サービスをもとに年１回（４月）見直しを行っている。
□第２章で整理した規制対象について、人数や種類、面積、数量などの変更をいつ、どのように把握していますか？　最新の情報になっていますか？
例：年度始めに現状の一斉点検を行い、最新化している。そのほか、設備導入時は予算段階で適用法規制を調査している。
□第３章で決定した選任義務のある役割について、組織改編や交代などの変更をどのように反映していますか？　最新の情報になっていますか？
例：人事異動がある４月と10月に環境管理体制の変更が必要かチェックをしている。
□第４章で整理した選任義務のある役割に求められる公的資格について、どのように把握していますか？　現在、不足することなく確保できていますか？
例：公害防止管理者の資格保有者が１名定年退職した。エネルギー管理士の資格保有者が他工場に異動となった。資格保有者はそれぞれ２名いたので交代に問題なかったが、１名に減ったため、今後養成を計画している。
□第５章で決定した策定義務のある計画は、自社の実態に即して立案されていますか？　取組みは計画的に行われていますか？　最新の状態で把握していますか？
例：法令順守と連動させて、エネルギー使用量の削減、プラスチック使用産業廃棄物等の排出削減に取り組んでいる。取組み状況は月ごとにモニタリングし、現在のところ計画どおりに成果をあげている。
□第10章で決定した測定義務の対象について、決められたとおりに測定や点検が行われ、必要な記録が残されていますか？
例：大気汚染防止法の届出対象であるボイラー（ばい煙発生施設）及び水質汚濁防止法の届出対象である排水処理設備（特定施設）については、それぞれの手順に従い測定を行い、記録を３年間保存している。

□法令で義務付けられている措置義務（運用）はもれなく社内でルール化されていますか？　それらの社内ルールに従って規制対象を管理していますか？　現場で対応するすべての人に伝わっていますか？
例：運用手順書の作成時には順守義務の内容を確認している。また監査時には必要に応じて順守義務と運用手順書の突合確認、現場の実態観察及び担当スタッフへのヒアリングを行い、順守義務のための運用が適切であることを確認している。

□順守義務で義務付けられている行政報告や届出は、第８章で整理した方法で適切に行われていますか？
例：規制対象に関する新規及び変更の届出は、規制対象の４月見直し時に追加・変更を確認し、届出が行われている。省エネ法など各種の定期報告は、年間スケジュールに従って計画的に提出が行われている。緊急事態は過去１年発生がなく、これに伴う通報、報告、届出は該当がない。監査時に同様の確認を行っている。

□順守義務で想定する事故時の措置は、緊急事態の対応手順に漏れなく含まれていますか？　手順の有効性は検証されていますか？
例：監査時には順守義務と緊急事態一覧を突合し、事故時の措置が緊急事態一覧に過不足なく記載され、対応手順書の中に順守義務で求められる措置、届出、通報などが含まれていることを確認している。また手順の内容が有効であることについては、訓練に基づき検証している。

□第10章で決定した規制対象の測定義務や点検義務について、定められた項目、頻度、方法で行われていますか？　結果は順守義務で定める基準に対してどのように評価されていますか？
例：監査時には順守義務とモニタリング一覧表を突合し、順守義務で必要なモニタリングが一覧表に含まれていることを確認している。モニタリング結果が規制値内であることを担当者と管理者により確認し、基準値内であってもリスクがある場合は欄外に対応の検討指示や注意喚起を記載している。いずれのモニタリング結果も順守義務を満たした状態である。

付録

法令の管理対象の例

参考資料：法令ではどうなっているか？―管理対象の例

	規制対象の （表中の太字は規制対象の名称		
	事業所所在地 （都道府県、市町村）	事業内容 （業種）	規模 （使用量・廃棄量・金額・従業員数など）
環境影響評価法		**第１種事業・第２種事業** （発電事業など）	**第１種事業・第２種事業** （出力５万kw以上の風力発電は第１種事業など）
公害防止組織法		**特定工場** （製造業・電気供給業・ガス供給業、熱供給業）	**特定工場** （ばい煙発生施設からの排出ガス量が１万Nm^3/時など）
地球温暖化対策推進法 （エネルギー起源CO_2の場合）		**特定輸送排出者** （貨物輸送事業、旅客輸送事業、航空輸送事業、荷主）	**特定事業所排出者** （エネルギー使用量1,500kl/年） **特定輸送排出者** （トラック200台以上等）
省エネ法		**貨物輸送事業者** （国内での貨物輸送業） **旅客輸送事業者** （国内での旅客輸送業） **航空輸送事業者**	**特定事業者** （エネルギー使用量1,500kl/年） **特定貨物輸送事業者** （トラック200台以上等） **特定荷主** （3,000万t-km/年以上） **エネルギー管理指定工場** （エネルギー使用量：第１種3,000kl/年以上、第２種1,500kl/年以上）
フロン排出抑制法 （第１種特定製品の管理者・整備者・廃棄等実施者の場合）			**特定漏えい者** （フロン類算定漏えい量1,000t-CO_2以上）

要件区分 等、() 内は具体的な要件の例)		
種類 (設備・材料・廃棄物、行為等)	種類 (製品・サービス等)	備考
特定工場 （ばい煙発生施設、一般粉じん発生施設、汚水等排出施設等、騒音発生施設、振動発生施設、ダイオキシン類発生施設など)		
	特定機器 （断熱材、サッシ、自動車、エアコン等)	
第１種特定製品 （フロン類が充填されている業務用エアコン、冷蔵機器、冷凍機器)		

大気汚染防止法（ばい煙規制の場合）	指定地域 （例：埼玉県の区域のうち、川口市、草加市、蕨市、戸田市、鳩ケ谷市、八潮市及び三郷市の区域、等）	ばい煙発生施設 （例：金属の精錬又は無機化学工業品の製造の用に供する焙焼炉、焼結炉及び煆焼炉）	ばい煙発生施設 （例：原料の処理能力が１時間あたり１t以上の焙焼炉、焼結炉及び煆焼炉）
大気汚染防止法（特定工事の場合）			
自動車NOx・PM法	対策地域 （埼玉県、千葉県、東京都、神奈川県、愛知県、三重県、大阪府、兵庫県、それぞれの一部の地域）		指定自動車の使用台数（30台以上）
水質汚濁防止法（特定事業所への規制の場合）	指定地域 （館山市洲埼から三浦市剱埼まで引いた線及び陸岸により囲まれた海域など）	特定施設 （合成ゴム製造業の用に供するろ過施設、脱水施設など）	指定地域内事業場 （排水量50㎥/日以上の特定事業場）
下水道法			使用開始届出対象 （汚水量50㎥/日以上の事業場、下水の水質が一定基準以上の事業場） 除害施設の設置基準 （下水の水質が条例で定める基準以上の場合）

ばい煙発生施設 （例：原料の処理能力が１時間あたり１t以上の焙焼炉、焼結炉及び煆焼炉）		
解体等工事 （建築物等の解体・改造・補修） 特定工事 （レベル１・２・３建材） 届出対象特定工事（レベル１、レベル２建材）		
指定自動車 （トラック、バス、ディーゼル乗用自動車など）		
特定施設 （合成ゴム製造業の用に供するろ過施設、脱水施設など） 有害物質貯蔵指定施設 /有害物質使用特定施設（トリクロロエチレンなど28物質） 貯油施設 （原油、重油、潤滑油、軽油、灯油、揮発油、動植物油、油水分離施設） 指定施設 （ホルムアルデヒドなど56物質）		
使用開始届出対象 （水質汚濁防止法の特定施設等）		

浄化槽法			技術管理者の設置対象（501人槽以上の浄化槽）
土壌汚染対策法	要措置区域（都道府県知事が指定） 形質変更時要届出区域（都道府県知事が指定）		土壌汚染状況調査対象（3,000㎡以上の土地の形質変更）
騒音規制法・振動規制法	指定地域（都道府県知事が指定）		
廃棄物処理法		業種限定の産業廃棄物（建設業、新聞業、食料品製造業、医薬品製造業など） 事業場外での産廃保管（建設業の場合、300㎡以上）	多量排出事業者（産廃の場合1,000t/年、特別管理産廃の場合50t/年） 事業場外での産廃保管建設業の場合、300㎡以上
プラスチック資源循環法		プラスチック使用製品製造事業者等（プラスチック使用製品の設計業務） 特定プラスチック使用製品提供事業者（各種商品小売業、飲食料品小売業、食肉小売業、宿泊業、飲食業など）	排出事業者（商業及びサービス業の場合5人以下、それ以外の場合20人以下は判断基準の適用外） 多量排出事業者（前年度のプラスチック使用製品産業廃棄物等が250t以上）
化管法		第1種指定化学物質等取扱事業者（金属鉱業、製造業など）	第1種指定化学物質等取扱事業者（従業員数21人以上、年間取扱量1t以上など）
毒物劇物取締法		毒物劇物営業者（毒物及び劇物の製造・輸入・販売） 業務上取扱者（届出業者） （電気めっき・金属熱処理事業、運送業、しろあり防除事業）	

浄化槽使用者 （浄化槽）		
有害物資使用特定施設 （鉛、ひ素、トリクロロエチレンなど26物質） 土壌汚染状況調査対象 （3,000㎡以上の土地の形質変更）		
特定施設 （送風機、金属加工機械（液圧プレス）など） 特定建設作業 （くい打機など）		
産業廃棄物 （廃プラスチック、ゴムくず、金属くず等20種類） 特別管理産業廃棄物 （pH2.0以下の廃酸、pH12.5以上の廃アルカリなど）		排出事業者に係るもの
	特定プラスチック使用製品 （フォーク、スプーン、ヘアブラシ、衣類用ハンガー、衣類用カバー　等） 特定プラスチック使用製品提供事業者 （特定プラスチック使用製品の提供）	
第１種指定化学物質 （施行令別表１で定める物質） 第２種指定化学物質 （施行令別表２で定める物質） 特定第１種指定化学物質	第１種指定化学物質 （施行令別表１で定める物質） 第２種指定化学物質 （施行令別表２で定める物質） 特定第１種指定化学物質	
毒物・劇物・特定毒物 （法別表１、別表２、別表３で定める物質）	毒物・劇物・特定毒物 （法別表１、別表２、別表３で定める物質）	

参考資料：各章で解説した管理項目と環境法令の関連性

管理項目（本書でとりあげている章）	第３章 組織整備	第４章 対応能力	第５章 目標管理	第６章 文書・記録管理	第７章 運用管理
ISO14001環境マネジメントシステムで関連する箇条	5.3 組織の役割、責任及び権限	7.2 力量	6.2 環境目標及びそれを達成するための計画策定	7.5 文書化した情報	8.1 運用の計画及び管理
法律名					規制内容
公害防止組織法（特定工場の場合）	公害防止統括者の選任（法３条） 公害防止主任管理者の選任（法５条） 公害防止管理者の選任（法４条） 代理者の選任（法６条）	公害防止主任管理者の要件（法７条） 公害防止管理者の要件（法７条）			
地球温暖化対策推進法（特定排出者の場合）			温室効果ガス算定排出量の報告（法26条）		
省エネ法（特定事業者の場合）	エネルギー管理統括者の選任（法８条） エネルギー管理企画推進者の選任（法９条） エネルギー管理者の選任（法11条） エネルギー管理員の選任（法14条）	エネルギー管理者の要件（法11条） エネルギー管理員の要件（法12条）	中長期的な計画の作成と提出（法15条）	文書管理による状況把握※	工場等単位、設備単位での基本的実施事項※
フロン排出抑制法（第１種特定製品の管理者、廃棄等実施者の場合）				第１種特定製品の点検及び整備に係る記録のフロン類の引渡し後３年間保存（告示４）※ （廃棄時）確認証明書の３年間保存（法41条） （廃棄時）回収依頼書又は委託確認書の写し、引取証明書の３年間保存（法43条、45条）	（整備時）第１種フロン類充填回収業者への委託（法37条） （廃棄時）第１種フロン類充填回収業者への引渡（法41条）
大気汚染防止法（ばい煙発生施設の場合）				ばい煙量等の測定記録の３年間保存（法16条）	排出基準に適合しないばい煙の排出禁止（法13条） 総量規制基準に適合しない指定ばい煙の排出禁止（法13条の２）

第８章 届出・報告	第９章 緊急事態対応	第10章 測定	第11章 法改正対応・監査	備考
7.4.3 外部コミュニケーション	8.2 緊急事態への準備及び対応	9.1 監視、測定、分析及び評価	9.1.2 順守評価 9.2 内部監査	備考
（カッコ内は法律の条項）				
公害防止管理者等の届出（法３～５条）				
特定事業者としての指定の届出(法７条) エネルギー管理統括者、エネルギー管理企画推進者、エネルギー管理者、エネルギー管理員の選任届出（法８条、９条、11条、14条） エネルギー使用状況の定期報告(法16条)			取組方針の遵守状況の確認等※	※法５条に基づき経産大臣が策定し公表する「工場等におけるエネルギーの使用の合理化に関する事業者の判断の基準」（H21経告66号）に規定。不十分な場合は行政指導の対象となる。
フロン類算定漏えい量等の報告等（法19条） （引き渡し）第１種特定製品の引渡し時に、引取証明書の写しを交付（法45条の２）	第１種特定製品からのフロン類の漏洩時の措置（告示３）※ （廃棄時）引取証明書の期限内送付がない場合等の知事への報告（法45条）	（使用時）第１種特定製品の点検の実施（告示２）※		※法16条に基づき主務大臣が策定し公表する「第１種特定製品の管理者の判断の基準となるべき事項」（H26経済産業省、環境省告示第13号）に規定。不十分な場合は行政指導の対象となる。
ばい煙発生施設設置の届出（法６条）	事故時の措置（ばい煙又は特定物質）（法17条）	ばい煙量等の測定（法16条）		

水質汚濁防止法（特定事業場（特定施設を設置する事業場、有害物質使用特定施設、有害物質貯蔵指定施設）の場合）				排出水、特定地下浸透水の測定記録の３年間保存（法14条） 有害物質使用特定施設、有害物質貯蔵指定施設の点検記録の３年間保存（法14条）	排出基準に適合しない排出水の排出禁止（法12条） （指定地域内事業場） 総量規制基準に適合しない排出水の排出の禁止(法12条の２) （有害物質使用特定施設、有害物質貯蔵指定施設） 構造等の基準の遵守（法12条の４）
下水道法（公共下水道を利用する事業者の場合）				水質の測定記録の５年間保存（法12条の12）	除害施設の設置（法12条に基づき条例で定める） 基準に適合しない下水の排除禁止（法12条の２）
浄化槽法（浄化槽を設置する事業者の場合）	技術管理者の設置（法10条）	技術管理者の要件（法10条）		保守点検記録の３年間保存（法８～10条）	保守点検及び清掃（法８～10条） 水質基準※
騒音規制法（指定地域内で特定施設を設置する工場・事業場の場合）					規制基準の遵守義務（法５条）
廃棄物処理法（産業廃棄物・特別管理産業廃棄物の排出事業者で、処理業者に処理を委託する場合）	特別管理産業廃棄物管理責任者の設置（法12条の２）	特別管理産業廃棄物管理責任者の要件（法12条の２）	多量排出事業者の減量計画の策定、実施状況の報告（法12条）		産業廃棄物保管基準の遵守（周囲に囲い、掲示板設置、飛散・流出防止措置等）(法12条) 産業廃棄物処理委託基準の遵守（書面で契約、許可証添付、記載事項に関する規定等）(法12条) 産廃マニフェストの運用(法12条の３、法12条の５) 電子マニフェストの使用義務（前々年度のPCB以外の特別管理産業廃棄物が50t以上の場合）（法12条の５）

特定施設の設置の届出（法５条） 有害物質使用特定施設、有害物質貯蔵指定施設の設置の届出（法５条） （指定地域内事業場）汚濁負荷量の測定手法について知事へ届出（法14条）	事故時の措置（特定施設、指定施設、貯油施設）（法14条の２）	排出水、特定地下浸透水の汚染状態を測定（法14条） 有害物質使用特定施設、有害物質貯蔵指定施設の定期点検（法14条）		
使用開始の届出（法11条の２） 特定施設の設置の届出（法12条の３）	事故時の措置（法12条の９）	水質の測定義務（法12条の12）		
使用開始後30日以内の報告(法10条の２) 技術管理者、浄化槽管理者の変更時の報告（法10条の２） 使用休止・廃止の届出（法11条の２、11条の３）		使用開始後の指定検査機関による検査（法７条） 年１回の指定検査機関による検査（法11条）		※通達（H７厚生省衛浄34号）に示された望ましい範囲
特定施設の設置の届出（法６条）				
産廃の事業場外保管の届出（建設産廃、300㎡以上の場合に限る）（法12条） 多量排出事業者の減量計画及び減量計画の実施報告の提出（法12条） マニフェスト交付状況報告(法12条の３)	送付期限内にマニフェストの送付を受けない場合、虚偽の記載がある場合（電子マニフェストの場合はマニフェスト遅滞等の通知）の知事への報告（法12条の３、12条の５） 処理困難通知を受けた場合の措置の実施（法12条の３、法12条の５）		排出事業者責任に基づく措置に係るチェックリスト※	※「排出事業者責任に基づく措置に係る指導について（通知）」（H29環産廃発第1706201号）

プラスチック資源循環法（排出事業者の場合）	責任者の選任など（基準命令８）※		多量排出事業者の排出抑制及び再資源化等に関する目標設定と取組みの計画的実施（基準命令４）※		プラスチック使用製品産業廃棄物の排出抑制及び再資源化、熱回収の実施（基準命令１）※
化管法（第１種指定化学物質等取扱事業者の場合）					
毒物劇物取締法（毒物劇物営業者の場合）	毒物劇物取扱責任者の設置（法７条）	毒物劇物取扱責任者の要件（法８条）		販売又は授与時の記録を５年間保存（法14条）	盗難・紛失防止措置飛散、漏えい、流出防止措置等（法11条） 容器及び被包への表示（法12条） 農業用、一般生活用の販売・授与時の制限（法13条、13条の２） 毒物又は劇物の譲渡手続（法14条） 18歳未満の者への交付禁止（法15条） 廃棄時、運搬、貯蔵その他の取扱いで技術上の基準の遵守（法15条の２、法16条）

再資源化の委託時には、分別の状況、性状及び荷姿などの情報提供（基準命令5）※ 多量排出事業者の目標に対する取組み状況の公表に努める（基準命令4）※		排出の抑制及び再資源化等の実施状況の把握（基準命令8）※		※法44条に基づき主務大臣が策定し公表する「排出事業者のプラスチック使用製品産業廃棄物等の排出の抑制及び再資源化等の促進に関する判断の基準となるべき事項を定める命令（R4内閣・デジ・復興・総務・法務・外務・財務・文科・厚労・農水・経産・国交・環境・防衛省令1号）に規定
第1種指定化学物質の排出量及び移動量の届出（法5条） 指定化学物質等の性状及び取扱いに関する情報の提供（指定化学部物質等取扱事業者の場合）（法14条）		第1種指定化学物質の排出量及び移動量を把握（法5条）		
営業の登録及び更新（法4条） 販売又は譲渡するまでに、対象となる毒劇物の性状及び取扱いに関する情報提供（施行令40条の9）	事故時、盗難紛失時の通報、応急措置（法17条）			

おわりに

本書は、馬目詩乃さんと私（安達）の共著となっていますが、その企画と主要部分の執筆はすべて馬目さんが行いました。本来であれば、私の役割は「協力」程度のものだと思いますので、「共著」とさせていただき、恐縮しています。

ただ、一方で、それはとても光栄で、うれしいことでもあります。

実は、二人とも環境コンサルタントの仕事をする上でもっともお世話になった方が、清水榮さんでした。清水さんは、リコー株式会社で長年環境対策に携わった後、日本規格協会などにおいてISO14001認証の普及・発展に努められた方です。残念ながら2010年12月にご逝去されましたが、馬目さんのことも私のこともいつも気遣い、サポートいただいていました。その弟子（と言ったら怒られるかもしれませんが）の二人が連名で一冊の本を出すことを知ったら、きっと大好きな焼酎を片手に持ちながら喜んでいただいているのではないかと思います。

馬目さんとは、その清水さんを介して、25年ほど前に仕事で出会いました。その後はしばらく会うこともありませんでしたが、私が15年前にISO14001の世界に入ってから、審査やコンサルティング、執筆の仕事でよくご一緒することになりました。現在では、本書のテーマでもある環境法令の分野において、もっとも一緒に仕事をする大切な仲間です。

「環境法令遵守」というと、環境マネジメントシステム（EMS）の世界においてすら、「○○法の○○条の規定に違反した。」という指摘にとどまり、その対策（修正処置）さえすれば、原因を究明し、仕組みを改善するという是正処置が不問に付されてしまうことがあります。

しかし、馬目さんは、清水さんのお弟子さんということもあると思うのですが、徹底したシステム志向です。仕組みの課題を見つけ、それを解決するという再発防止に常に力点を置いて仕事をしています。本書はそうした問題意識を持つ馬目さんならではの作品です。

私自身の経験で言うと、実際に法令違反をした企業では数年間は法令遵守に真面目に取り組むものです。しかし、仕組みが改善されることなく法令遵守に取り組んでも、“ほとぼりが冷めるころ”には、担当者も異動し、取組みは形骸化していくことになります。

徹底的に「仕組み」にこだわった環境法令の書籍も珍しいと思いますが、本書は、持続的な法令遵守の仕組みの構築と運用を希望する企業にとっては、貴重なヒントを得ることができると確信しています。

環境法令を遵守するということは、社会の中で事業活動を行う企業等にとって当たり前のことです。社内の環境業務として、必ずしても花形とはなりづらいものです。しかし、ESGやカーボンニュートラル、SDGsなどを推進する大前提の一つとして、必ず環境法令の遵守があります。

私たち二人はこれまで、数十万人を擁する企業から数名の従業員で構成する企業まで、様々な企業の環境活動に接してきました。業種も実に様々です。確信を持って言えるのは、本気で環境活動をする企業は、その活動基盤の一つである環境法令遵守にも本気で立ち向かっていることです。

その経験を踏まえてまとめたのが本書です。同じ問題意識を共有する多くの企業関係者の皆様にご覧いただき、少しでも役に立てば、執筆者のひとりとして望外の喜びです。

2022年秋　自宅近くの干潟で今年最後のヤマトオサガニを眺めながら

執筆者を代表して

安達宏之

［著者紹介］

馬目　詩乃（まのめ　しの）

馬目技術士事務所代表。

環境コンサルタントとして、都市、農山漁村、森林等における環境・防災・生物多様性の行政計画に関わる。

1996年のISO14001規格の発行後から企業の環境管理支援に携わり、現在はISO14001主任審査員（日本規格協会ソリューションズ）として審査業務に関わるほか、環境マネジメントシステム構築・維持、環境コンプライアンス等に関するコンサルティング・セミナーなど幅広く行う。

著書に、『ISO環境法クイックガイド』（第一法規　共著）『規制対象でわかる環境法令管理ノート2020』（第一法規　共著）。

安達　宏之（あだち　ひろゆき）

（有）洛思社 代表取締役／環境経営部門チーフディレクター。

「環境経営」「企業向け環境法」をテーマに執筆、コンサルティング、セミナー講師等を行う。ISO14001主任審査員（日本規格協会ソリューションズ）、エコアクション21中央事務局参与・審査員。

著書に、『図解でわかる！環境法・条例（改訂２版）』（第一法規）、『企業と環境法　～対応方法と課題』（法律情報出版）など多数。大学にて「企業活動と環境法コンプライアンス」（上智大学）、「生物の多様性と倫理」（十文字学園女子大学）などを講義（非常勤講師）。

サービス・インフォメーション

通話無料

①商品に関するご照会・お申込みのご依頼
TEL 0120(203)694／FAX 0120(302)640

②ご住所・ご名義等各種変更のご連絡
TEL 0120(203)696／FAX 0120(202)974

③請求・お支払いに関するご照会・ご要望
TEL 0120(203)695／FAX 0120(202)973

●フリーダイヤル(TEL)の受付時間は、土・日・祝日を除く9:00〜17:30です。
●FAXは24時間受け付けておりますので、あわせてご利用ください。

環境コンプライアンスを実践！　環境法令遵守のしくみ
〜チェックシートでリスクを回避

2022年12月10日　初版発行

著　者　馬目詩乃・安達宏之
発行者　田中英弥
発行所　第一法規株式会社
〒107-8560　東京都港区南青山2-11-17
ホームページ　https://www.daiichihoki.co.jp/

デザイン　コミュニケーションアーツ株式会社
イラスト　馬目　灯

環境しくみ　ISBN978-4-474-07758-4　C2036　(6)